微幸福主义

Micro happiness

职工身边的心理学

刘桂萍 著

中国工人出版社

图书在版编目（CIP）数据

微幸福主义：职工身边的心理学 / 刘桂萍著. —北京：中国工人出版社，2023.11
ISBN 978-7-5008-8046-2

Ⅰ.①微⋯　Ⅱ.①刘⋯　Ⅲ.①职工－心理学－通俗读物　Ⅳ.①B84-49

中国国家版本馆CIP数据核字（2023）第240941号

微幸福主义：职工身边的心理学

出 版 人	董 宽
责任编辑	丁洋洋　冀 卓
责任校对	张 彦
责任印制	栾征宇
出版发行	中国工人出版社
地　　址	北京市东城区鼓楼外大街45号　邮编：100120
网　　址	http://www.wp-china.com
电　　话	（010）62005043（总编室）
	（010）62005039（印制管理中心）
	（010）62046408（职工教育分社）
发 行 热 线	（010）82029051　62383056
经　　销	各地书店
印　　刷	宝蕾元仁浩（天津）印刷有限公司
开　　本	710毫米×1000毫米　1/16
印　　张	14
字　　数	209千字
版　　次	2024年1月第1版　2024年5月第2次印刷
定　　价	49.80元

本书如有破损、缺页、装订错误，请与本社印制管理中心联系更换
版权所有　侵权必究

写给职工朋友们的话

作为工会干部，自2015年底开始，我开始从事首都职工心理关爱工作。在工作中，我发现，很多基层工会干部和广大职工朋友们不太了解心理学与自己的关系。其实，职工心理关爱工作，就是要从广大职工的实际需求出发，用心理学的相关知识让职工生活工作得更从容。一路走来，我看到很多职工朋友们从我们的心理关爱工作中受益，生活质量得到了提高、心理情绪得到了调节、人际关系得到了改善，还有些职工从焦虑抑郁中跌跌撞撞地走出来。鉴于这些经历，我对心理学的重要性和必要性是笃信不疑的。我们每个人都需要学习一些心理学知识，以调节自己，适应变化，更好地处理自己与自己、自己与他人、自己与世界的关系。

由于工作性质的原因，我一直注重站在职工的角度学习、思考、总结和运用心理学，受益颇多。这些年陆陆续续地将这些知识记录积累下来，形成了《微幸福主义——职工身边的心理学》一书。书中的内容与广大职工的工作生活息息相关，一是想告诉职工心理健康是健康的重要组成部分，我们每个人都是自己心理健康的第一责任人，当出现情绪"感冒"的时候，寻找专业人员的支持，帮助我们走出阴霾；二是在工作生活中，我们可能会感到焦虑、无助、倦怠、迷惘，但心理学能够帮助我们发现这些情绪及产生的缘由，让我们在"卷"与"躺"中找到平衡；三是科学地认识压力与情绪，当学会应对压力、管理情绪时，我们会在逆境与挫折中得到成长；四是正确地看待人际关系，人际关系的根本不是迎合别人，而是做真诚而又自信的自己；五是养成积极心态，培育积极心理品质，在快速变化的时代，保持内心稳定而又积极的心理状态。心理学没有我们想象的那么神秘和高深，它就在你我的身边，我们每天学习一点，迷惘和困扰就会少一点。

这本书是我送给职工朋友们的心理指导手册，内容通俗易懂；另外，穿插一些典型案例，帮助职工朋友们更好地理解心理学知识；同时做到实用，用心理学知识帮助职工朋友们解决实际工作生活中的困扰和冲突。

我深知本书是有不足的，心理学知识不够系统，有些内容阐释得不够深入。但我创作这本书的初衷，就定义它是科普读物。我希望职工朋友们因此而接受和喜欢上心理学，多读些系统的心理学书籍，在收获专业技能的同时，获得更多的心理成长，快乐工作，幸福生活。

目 录 CONTENTS

第一章　心理知识：就在我们的身边 …………………………… 001
　　心理活动其实并不神秘　　　　　　　　　　　003
　　学习心理学有什么用　　　　　　　　　　　　005
　　角度不同，世界也不同　　　　　　　　　　　008
　　多个角度探索心理现象　　　　　　　　　　　011
　　行为背后的心理逻辑　　　　　　　　　　　　015
　　心理健康的标准　　　　　　　　　　　　　　017
　　哪些因素会影响心理健康　　　　　　　　　　022
　　心理健康很重要吗　　　　　　　　　　　　　026
　　心理正常与心理异常指什么　　　　　　　　　028
　　心里不痛快，身体真的知道吗　　　　　　　　031
　　什么情况下需要心理咨询　　　　　　　　　　034
　　心理学名言　　　　　　　　　　　　　　　　037

第二章　好好工作：游刃有余于职场 …………………………… 039
　　职场焦虑：可以这样缓解　　　　　　　　　　041
　　习得性无助：如何破解"破罐子破摔"　　　　　044
　　身处 VUCA 时代，以成长型思维来拥抱变化　　047
　　很想有所作为，为何事与愿违　　　　　　　　051

职业选择：从四个角度评估　　054
关于记忆的知识：帮你高效工作与生活　　058
问题解决：该拥有的一项硬核能力　　062
需求层次理论，助你成为更好的管理者　　066
工作幸福感：来自心流状态　　070
心理学名言　　075

第三章　应对压力：经历风雨见彩虹　　077

关于心理压力，你该知道这些　　079
面对压力：有人风轻云淡有人情绪崩溃　　082
压力的影响因素：改善自己的心理承受力　　085
这些表现可能是压力大的信号　　089
压力适应周期：给自己一点时间　　093
管理压力的几个实用方法　　096
应对压力：这些方法要不得　　102
每天都很累：警惕慢性压力　　105
压力变动力：提升自我效能感　　108
心理学名言　　111

第四章　认识情绪：不被情绪所左右　　113

不要闹情绪：情绪到底是什么　　115
要情绪，但不要情绪化　　119
这几种情绪人人都有，但却未必能察觉　　123
坏情绪到底从何而来：一念之差　　127
情绪管理：觉察情绪是第一步　　130
情绪的背后：可能是未被看到的需求　　133
心理困扰：可能来自不正确的思维方式　　135

面对不合理的思维信念，这样调整自己　　139
　　情绪归因：伤害你的可能是解释风格　　142
　　情绪调节的几个好办法　　145
　　倾诉衷肠应该注意这几点　　148
　　情商：情绪识别和管理的能力　　151
　　心理学名言　　155

第五章　人际关系：一个好汉三个帮 …………… 157
　　人际关系：比想象的更重要　　159
　　人际关系的技巧：不是八面玲珑而是真诚　　163
　　团队协作的秘籍：包容与理解　　166
　　人际交往的前提：做最好的自己　　169
　　学会沟通，人际关系一定不差　　173
　　什么样的人更受欢迎　　178
　　合作共赢：职场中的人际冲突　　181
　　心理学名言　　184

第六章　积极心态：幸福是一种能力 …………… 185
　　积极心理学：不一样的境界　　187
　　幸福，到底是什么　　191
　　一起来体验积极情绪　　195
　　每天记录三件好事：发现生活的美好　　199
　　常怀感恩之心：让自己更幸福　　202
　　积极心理防御：化解内心的冲突　　206
　　追求幸福的十四个原则　　209
　　心理学名言　　212

第一章

心理知识：就在我们的身边

第一章　心理知识：就在我们的身边

心理活动其实并不神秘

相信很多职工朋友都从电视、电脑、手机等媒体上看到过一些心理学知识的应用场景。例如相亲节目，有心理学专家帮助分析性格、生活习惯及兴趣爱好等的匹配度，助有缘人终成眷属；育儿节目，心理专家会告诉爸爸妈妈们如何理解孩子的心理特征，更好地与孩子进行沟通，做到科学育儿；还有调解节目，心理专家也会帮助安抚矛盾双方的心理，调整双方看问题的视角，从而化干戈为玉帛。

心理学好像还真的挺有用，但到底什么是心理学呢？

心理学是一门科学，它是研究人的心理现象发生、发展和活动规律的科学。

那么，人的心理又是什么呢？心理有三个特征：

一、心理的基础是大脑

我们的大脑是从事心理活动的器官，心理现象是大脑活动的结果，没有大脑的心理或思维是不存在的。例如，变形虫等是没有心理活动的，因为它是没有大脑器官和神经系统的原始单细胞动物。但鸟类、哺乳类动物因为有了大脑和神经系统，所以这些动物也是有心理活动的。正如生活中，职工朋友们会觉得自家的猫和狗很通人性，能懂得主人的意思，的确，猫和狗都是有心理活动的。

心理的基础是大脑，离开人的大脑和神经系统谈心理就都是主观臆测，没有科学依据。例如，算命先生说能看到你的前生与来世，能预测到你在某个阶段的时运，这显然是不可信的，职工朋友们与其寄希望于运势，不如充实我们健康的大脑，丰富我们的认知，增强我们对生活的掌控感。

二、心理是大脑对现实生活的反映

大脑只是心理现象产生的物质基础，但它本身不是心理活动。大脑要对我们生活的客观世界有所反映，才能产生心理活动，心理是大脑对客观现实的反映。因此，我们生活的环境、经历、经验、见识等都会对我们的心理活动产生重要的影响。

例如，20世纪20年代，印度发现了两个狼孩。这两个孩子很小的时候就被狼叼走并跟着狼一起长大，两个孩子有着人类所具有的完整、健康的身体器官，也有着健全的大脑和神经系统，但因为脱离了人类社会，没有与人生活的经验和体验，也没有与人的沟通和交流，所以就不具备那个年龄阶段人类该有的心理。

三、心理是大脑对客观世界的主观反映

人的大脑对客观现实的反映不是被动的，而是具有很强的主观能动性，根据人类生活的经验和内心体验，人不仅能看到客观现实本身，还能看到事物与事物之间的联系和因果关系，并且还会根据这种认知来指导自己的行为和实践活动。

例如，同样是面对一片大海，有人看到了波澜壮阔，豪情万丈；有人看到了逝者如斯，不舍昼夜；有人看到了暗流涌动，风浪滔天；还有人看到了岁月静好，春暖花开。这既源于每个人所处的环境和所面临的境遇不同，又与每个人在成长过程中形成的认知有关。同样一件事，看问题的角度不同，主观反映和感受不同，产生的心理和情绪也不同，由此带来的行为也会不同。因此，每当我们心理感受不好的时候，不妨告诉自己：换个角度，也许风景会有所不同。

虽然人的心理看不见摸不到，但因为人的心理会通过行为表现出来，人的行为会受内心的支配，所以，科学家们通过客观地观察和分析人的行为，也能客观地研究人的心理。

学习心理学有什么用

心理学是研究人类行为和心理活动的学科，它与我们每个人的工作生活息息相关，心理学就在我们的身边。我们可以运用心理学的原理和概念更好地认识自己及所处的周遭，认识自己的工作和生活，更好地调整自己的内心世界，更好地理解他人并建立良好的人际关系，提高工作效率，改善生活品质。

一、认识自己

心理学可以帮助我们更好地认识自己。例如，心理学认为人的内在心理会影响外在行为，而外在行为往往是内心活动的体现，因此，我们需要透过行为去觉察自己的内心，或者需要学习自省行为背后的内心活动。假如近期总是情绪烦躁，脾气一点就爆，看谁都不顺眼，这时候，不妨透过这些行为审视一下自己的心理需要，是不是工作压力太大了，需要调整一下工作节奏；或者是遇到了一时难以应对的困难，内心焦灼和焦虑，需要有人帮助共同应对等。一经觉察，我们就可以主动地调整心态和行为，而不任由情绪压抑或发泄。

心理学还可以帮助我们认识自己的性格特点，从而更好地接纳自己。世界上没有完全相同的一片树叶，也没有完全相同的两个人，每个人都是独特的，我们需要认识自己的人格特质和性格，认识自己的优势和不足，从而扬己长而避己短。假如自己性格内向，那可能同时意味着做事专注，我们用己所长而不必羡慕他人的左右逢源，更不必要求自己一定要成为众人瞩目的外交之星。

二、理解他人

心理学还能帮助我们更好地认识和理解他人，从而建立良好的人际关系。例如，心理学认为人具有先天的性格差异性，并且人后天的经历、家庭成长环境、所受教育等不同，认知事物的角度也会不同，要承认人的多样性，求同存异，包容理解，才有好的人际关系。有了这样的心理基础，碰到团队中特别难相处的同事时，职工朋友们先试着去了解对方：他的性格特质是什么？他难以相处的性格可能是因为什么样的经历造成的？我们不能去触碰他哪些敏感的地方？他这样的性格最适合什么样的相处方式等。

心理学还认为，每个人的心理是终身发展的，不同年龄阶段，有着不同的心理特征：婴儿期的宝宝最需要妈妈的及时回应和无微不至的照顾，帮助孩子建立内心的安全感和信任感；3岁左右的孩子开始探索世界，是第一个"叛逆期"，妈妈需要给予一定的自由并保障孩子的安全；而小学期间的孩子开始学习文化知识，学习人际交往，同学和朋友对孩子的影响越来越大，孩子也日益渴望友谊；青春期则是孩子要求独立而能力又不足的时期，冲突和矛盾是这一时期的心理特点；成年早期的青年既要适应社会、承担责任，又要发展自我，不断成长，压力和焦虑感增强；中年焦虑则表现在个体机能和智力的逐步下降与时代的快速发展不匹配，需要调整心理状态，适应社会环境是心理建设的主要内容；而晚年则需要每个人自己寻找生命的意义。

三、调整行为

如果职工朋友们能认识到行为背后的心理或情绪原因，就可以较好地调整自己的行为，让自己的生活从容有序。例如，心理学家艾利斯提出著名的ABC理论，A是我们面对的事件，B是对事件的认知、解释和归因，而C是我们采取的行为。也就是说，我们对生活事件采取的态度和行为，有时候并不取决于客观事实，而是被我们的认知所左右。例如，在早高峰的地铁上，你被周围的人踩了一脚，如若你觉得这个人没教养，故意欺负你，那么可能愤怒的情绪会引起言语甚至行为冲突；但如果你觉得忍一忍海阔天空，那么便会心平气和地腾挪空间，互相礼让了。

如果你向往取得好的业绩，但实现起来难度太大了，以至于焦虑得无从下手，如何化解呢？心理学上有个目标管理法，就是把一个看起来无法实现的大目标分解为无数个可以实现的小目标。首先分析阻碍目标实现的主要原因是什么，然后制定一个对于提升自己能力比较容易实现的小目标；一个小目标实现后再制定另一个有点难度的目标，持续下去。这其中蕴含的心理学原理就是我们在实现一个个小目标的过程中，找到了效能感，培养了自信心，提升了素质能力。确定方向后，做时间的朋友，让行动和时光治愈自己。

角度不同，世界也不同

我们来看几幅图：

这两张图中，哪个是美女，哪个是"丑婆"呢？

其实，这两张照片是完全一样的，只不过左边的图片是正着看的，而右边的图片是倒过来看的。有的时候，看问题的角度不同，看到的事实就完全不同。

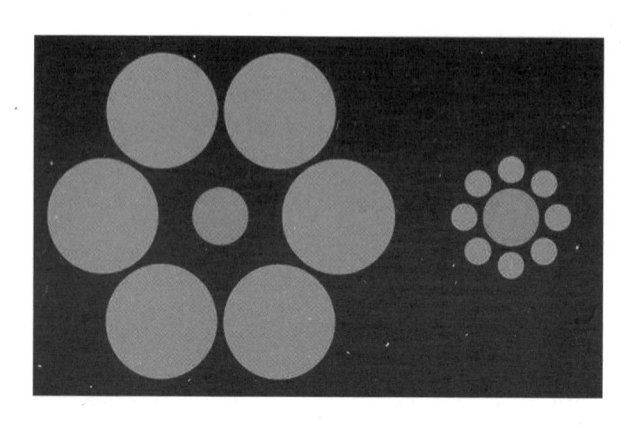

上面这张图片中的两个中心圆形哪个更大一些呢？直观的感觉是右边的比左边的要大吧？其实，两个圆形是一样大的，只是因为背景不同，给人的感觉是左边的圆小一些，而右边的圆大一些，我们眼睛提供的视觉信息可能是不准确的，我们很容易被自己的视觉系统所欺骗。

你从上面这张图中看到了酒杯、花瓶、奖杯还是两个人的侧影呢？其实，当你以白色为关注对象，黑色为背景时，你会看到花瓶、酒杯等，而如果选择黑色为注视焦点，白色为视觉背景，你就会看到两个人的侧脸。背景信息不同，看到的事物也会不同。

在上面这张图中，你看到了一个人头像，还是两个人身像呢？如果从整体看，看到的是一个人头像，如果从局部看，看到的则是两个人身像。视野和格局不同，看到的事情也会不同。

这些图片在心理学中叫双歧图，反映的是人的视错觉现象。上海大学教授、《自然》杂志编审林凤生对双歧图做了下列解释："脑科学研究告诉我们，同一张图可以引起我们两种完全不同的知觉，这说明我们所看到的，除了图形本身以外，还包括大脑对它的解释。而且如果这种解释不唯一的话，那么我们'看到'的图形就要在这些不同的解释之间来回转换。"

人在知觉客观世界时，总是选择性地把少数事物当成知觉的对象，而把其他事物当成知觉的背景，以便更清晰地感知一定的事物与对象。这种知觉的对象从背景中分离的过程与注意的选择性有关，当注意指向某种事物的时候，这种事物便能成为知觉的对象，而其他事物便成为知觉的背景。

古诗云："横看成岭侧成峰，远近高低各不同。"有的时候，当我们的情绪和思维固着在某一点上的时候，我们很难找到其他解脱情绪和解决问题的办法。当你换另外一个角度去看的时候，也许会拥有另一番景象。来自工作生活中的很多误解、争论、矛盾和冲突，也许就是因为各自持有不同的视角，不能转换认知与思维角度，把自己和对方放置在壁垒分明的两端，输与赢、成与败、对与错、朋友和对手，如果能试着选择转身与转换视角，也许会豁然开朗，柳暗花明。

第一章　心理知识：就在我们的身边

多个角度探索心理现象

在学习心理学的过程中，你可能会发现一个现象：面对同样的事件，可能会有不同的心理学解释风格。例如，孩子在学校打架这个问题，精神分析学派认为当人的行为受阻时，就会产生攻击行为，这是人内在潜意识向外表达；行为主义学派则认为孩子像是学习其他行为一样，学会攻击行为；人本主义学派则认为，人之初，性本善，如果孩子在充满爱和鼓励的环境中成长，性格就会是乐观友善的，孩子打架是因为缺少关注和爱；认知心理学则会探索孩子是如何加工信息的，是外部事件刺激了孩子，孩子对此进行了错误的认知和解释，因此表现出了攻击行为。

这就是心理学的不同流派有不同的心理学解释风格。

1879年，德国心理学家冯特在莱比锡大学建立了世界上第一个心理学实验室，这被认为是科学心理学诞生的标志，心理学从此脱离于哲学，成为独立的学科，至今有100多年的历史，因此心理学家艾宾浩斯（H.Ebbinghaus）说：心理学有着漫长的过去，但有着短暂的历史。在这100多年的发展过程中，心理学界百家争鸣，从不同的角度研究世界上最复杂的现象——人的心理现象。

这里，重点介绍三个心理学流派：

一、精神分析学派

精神分析学派的代表人物是奥地利著名心理学家弗洛伊德，他是一名精神科医生，在自己的精神科医疗实践中，发展出了精神分析学派的心理学理论体系，其中意识潜意识理论和心理结构理论对心理学的发展有着深远的影响。

意识潜意识理论是指人的心理分为意识层面和潜意识层面。意识层面是能够觉察得到的心理活动，例如孩子考上了理想的大学，你感觉到由衷的高兴；你与不喜欢的同事友好相处，因为你知道同事关系和谐很重要等。但意识层面只是心理的一部分，还有更大的部分是不被人意识到的，平时是被压抑到内心深处不易觉察，但又对人的行为起着重要影响的那部分，心理学家弗洛伊德将之比喻成"巨大冰山之底座"。

潜意识非常重要，我们如何看待自己和他人，如何看待我们生活中日常活动的意义，我们做出的很多快速判断和决定等都是由潜意识决定的。例如，有的人一生勤奋努力，如果光阴虚度，他会感到非常不安和痛苦，所以他必须主动找些有意义的事情来做，才会让内心好受一些，这便是潜意识在起作用。

意识和潜意识是相互转化的，意识层面的不断强化，慢慢就变成了潜意识。因此，平时给予自己一些积极的信息输入、强化和暗示，让更多积极的意识转化为潜意识，容易形成积极的行为和生活方式。

心理结构理论是弗洛伊德另一个重要的观点。他认为人的心理结构包括三个层次：本我、自我和超我。本我是原始的意识状态，它遵循简单快乐的原则，追求欲望的满足。例如，饿的时候，就想大吃一顿，不管这个食物是如何得来的，只要能满足味蕾的需求和舒适就可以。而超我是由外在的道德规范和内在的良知约束所形成的，它追求的是理想的原则。例如，尽管很饿，想大吃一顿，但不是自己花钱买的，通过偷或抢来的面包，再饿也是不能吃的。而自我就是调节本我和超我的意识，它符合现实的原则，既要满足本能的欲望，又要符合规范和良知。例如，饿的时候，想大吃一顿，但当下又没钱买面包，于是或延迟满足，或改变方式方法，找到既满足饮食的欲望，又满足道德规范的要求。

在心理结构中，自我起着非常重要的调节作用。我们经常说一句话：要有一个强大的自我，指的就是在行为或决策的过程中，既能明晰或照顾本我的需求，知道内心到底想要什么，增强定力；同时又能审时度势，明确理想的状态及实现的可能性，增强心理弹性，如此方能从容应对生活。

二、行为主义学派

行为主义学派也是非常具有代表性的心理学流派之一，其代表人物是华生、斯金纳及班杜拉等。

美国著名心理学家华生认为：心理学不应该研究意识，因为意识及精神活动等看不见、摸不着。心理学应该研究人的行为，因为行为是从人的意识中折射出来的看得见、摸得着的客观事物。

因此，华生以动物实验为主要研究方法，着重研究人所受到的外界刺激与行为之间的关系。华生认为行为是人们为适应环境的刺激而表现出来的各种躯体反应的组合，心理学就是研究刺激与行为表现之间的规律。基于这一理论，华生有一句耳熟能详的名言："给我一打健全的儿童，我可以用特殊的方法任意地加以改变，或使他们成为医生、律师、艺术家、富商，或使他们成为乞丐和盗贼……"也就是说，只要外在的环境和刺激到位，人定然可以成为他想成为的样子。这句话看似颇有道理，但它过于偏颇地强调了环境和人为刺激的作用，而忽视了遗传、人内在的心理状态等因素。

斯金纳也是行为主义学派的代表人物。他认为强化在人的行为中发挥着重要作用，如果想让某种行为发生的概率和频率增加，就要在此行为方面增加强化。例如动物训练中，如果想让动物朝游客摇尾，那就要在动物摇尾后给予食物加以强化。同样的，如果想让孩子好好学习，就要在孩子认真学习时，给予赞扬和鼓励。

三、人本主义学派

人本主义学派是在20世纪50—60年代发展起来的，其代表人物是罗杰斯和马斯洛。他们主张从人本身的内在价值出发，去研究人的心理。他们的观点表现在：

每个人都有内在的心理需求，马斯洛认为人的心理需求，分为五个层次，即生理需求、安全的需求、归属和爱的需求、尊重的需求、自我实现的需求，当低层次的需求得到满足后，就会有高层次的需求。

人之初，性本善，每个人都有自我完善、自我实现的需要，只要有适当的环境，人就会努力去实现自我。因此，最重要的是重视人自身的价值和潜能，如果人的心理出现冲突和问题，那就是人的需求不被满足和尊重，缺乏对人内在价值的认识。

　　当前，人本主义心理学有着很大的影响力。例如在管理学界，以此理论为基础的人本管理思想被广泛应用。作为一位管理者，除了运用奖惩等方法和手段外，还应关注员工的自我价值感。管理者给予员工足够的信任和肯定，看到其更多的优点和亮点，充分挖掘其内在潜能和动机，员工就可自我激励和自我实现。

第一章 心理知识：就在我们的身边

行为背后的心理逻辑

人的心理过程包括知、情、意，就是在认知事物的基础上，产生了情绪情感，从而有行动的意愿和意志。通常包括认知过程、情绪情感过程和意志过程三个方面。认知过程指人以感知、记忆、思维等形式反映客观事物的性质和联系的过程；情绪情感过程是人对客观事物的某种态度的体验；意志过程是人有意识地克服各种困难以达到一定目标的过程。三者有各自发生发展的过程，但并非完全独立，而是统一心理过程中的不同方面。

一、知，就是人的认知

认知是人在认识客观世界的活动中所表现的各种心理现象，即我们是如何对外界事物进行信息加工，并认识外界事物。通常，我们通过感觉、知觉认识了外部的某个信息或某个事物，然后通过思维对事物的本质进行由表及里、去粗取精的加工，在这同时，记忆提供了过去的经验，我们把过去的某些认知与当前的信息联系起来，加以比较和对照，从而获得了对当前事物的认知。认知非常重要，因为通常情况下，有什么样的认知，就会产生相应的情绪情感和态度，接下来就会采取相应的行为。

例如，孩子为什么会去上学呢？因为他通过对各种信息的认知和加工，认识到学龄儿童应该上学，并且上学能学到知识，交到朋友等。

二、情，就是情绪情感

情绪是伴随认知而产生的对外界事物的态度和体验，其重要基础是需要，如果外部事物满足了我们的需要，或者是促进需要的满足，我们就会产生积极的情绪，如愉快、满意、喜爱、赞叹；如果外部事物不能满足我们的需要或是妨碍了需要得到满足，我们就会产生消极的情绪，如不满、苦闷、哀伤、憎恨等。在情绪产生的过程中，我们每个人的认知和评价起着非常关键的作用，同样的事物，如果我们给予积极的认知和评价，就会产生积极的情绪，反之，就会产生消极的情绪。例如，孩子认识到了上学的重要性和意义，如果学习的过程中，获得知识，交到朋友，并且得到家长和老师的赞扬，就会产生积极的情绪；如果学习的负担超过了心理承受度，并且不被同学和老师喜欢，孩子就会产生消极的情绪。

三、意，就是意志

行动需要意志的支撑，如果没有意志，行动就不会持久，目标很难实现，因为意志需要确立理性的目标，并且需要克服困难和挫折，要战胜欲望和冲动，因此，意志力的养成是个艰苦的过程。尽管艰难，我们还是要努力锻炼自己的意志力和自控力，作品《少有人走的路》中说："自律是解决人生问题最主要的工具，也是消除人生痛苦最重要的途径。"

四、知情意与良好的行为

从认知了解，到情绪情感触动，再到理性思考，最后付诸行动，知情意行是一个逐步上升、逐步整合的过程，人的行为都是"知、情、意"的心理活动在背后作支撑。也因如此，我们要想有好的行为，就要同时照顾到行为背后的知情意。如果想让孩子好好学习，就要通过认知，让孩子认识到读书和学习的重要性；更重要的是在读书与学习的过程中，让孩子体验到成就感与乐趣，从而产生积极的情绪。读书学习需要意志，有了积极情绪的支撑，意志会变得更为坚定，良好的行为才会持续，而行为带来的成就感进一步激发了认知、兴趣与意志，这是一个良性的循环。

心理健康的标准

健康是幸福生活最重要的指标，健康是1，其他是后面的0，没有1，再多的0也没有意义。健康不仅仅是指身体健康，心理健康和身体健康同等重要。世界卫生组织对健康的定义是：健康不仅仅是没有疾病、不体弱，而是一种躯体、心理和社会功能均良好的状态。

身体健康很容易被感知，头痛脑热的，身体自会提醒我们。但心理健康往往不太容易被感知和重视，我们不妨了解一下心理健康的标准，情绪压抑，内心痛苦的时候，可以做自我判断和分析，并积极地进行心理调整。

2016年，国家卫生健康委员会计生委等22个部门共同印发了《关于加强心理健康服务的指导意见》，这是我国第一份心理健康的政府指导意见。该意见中对心理健康的定义是：人在成长和发展过程中，认知合理、情绪稳定、行为适当、人际和谐、社会适应的一种完好状态。

一、认知合理

通俗地讲，认知就是我们对某个人、某件事、某个现象的认识和看法。由于每个人的性格特征、知识结构、人生经验、境遇状况等不同，对同一件事情的认知可能会不尽相同。认知对心理健康很重要，因为不同的认知带来不同的情绪体验，积极的认知引发积极的情绪，消极的认知引发消极、悲观的情绪。例如，同样是被领导批评了，消极的认知是自己太笨了，无论如何都做不好工作，因而引发自卑、抑郁的情绪；积极的认知是从中找到了差距，学到了新的东西，因而是积极的情绪。

心理健康的人，应该有着合理的认知。

认知功能良好，能正确地从日常工作生活中获取、加工信息，善于学习，记忆力良好，能胜任工作等。如果记忆力较差，注意力无法集中，不能完成基本的工作，则说明认知功能出现了问题，需要加以注意。

认知思维合理，能对信息进行合理的推理和认知。如果工作生活中有下面的认知思维，那么就需要关注和调整了。一是绝对化的要求，以自己的意愿为出发点，认为某事或某人"必须如何""应该如何"，例如我必须获得成功，领导应该如何对我，周围的人必须爱我，等等；二是过分概括化，也就是以偏概全，一点表现不好就得出完全否定的结论，例如领导批评了下属，于是认为这是一个不通人情、品质很差、无法与之交往的人；三是糟糕至极，一件不好的事情发生了，认为将会导致非常可怕、糟糕甚至是灾难的来临，例如孩子中考没考好，就认为从此上不了好大学，找不到好工作，这辈子算完了。

二、情绪稳定

人有七情六欲，面对纷繁复杂的各种外部事件，人都会表现出与之对应的情绪和心理反应。例如，宠物去世了，会伤心地流眼泪；有朋自远方来，会喜悦兴奋等。

心理健康的人通常有相对稳定和正常的情绪反应，并且能积极地调节和控制自己的情绪。主要表现在：

情绪反应事出有因，遇有喜事，有高兴的情绪反应；遇有难事，有焦虑、忧郁的情绪表现。如果情绪反应不正常，或是对什么事都很淡漠，都高兴不起来，情绪低落，可能就应该引起重视了。

情绪反应时间合理，当引起情绪反应的刺激消失之后，情绪和心理反应也逐渐消失，例如一个人心爱的宠物死了很伤心，但过一段时间后，他能调整悲伤的情绪，不会一直陷于负面情绪中，久久走不出来。

情绪总体是稳定积极的，大脑中枢神经系统活动处于相对的平衡状态，不会喜怒无常，情绪大起大落，刚刚还是高兴愉快的，突然就悲痛地泪流满面；大部分时间情绪是乐观积极的，身心活动处于和谐与满意的状态，如果持续的情绪低落，总是愁眉苦脸，心情苦闷，则可能是心理不健康的表现。

三、行为适当

心理和行为有着密切的关系，行为受大脑、心理和意识的支配，因此，行为往往也能反映其心理活动和心理状态。例如，看到一个人痛哭流泪，捶胸顿足，大概率是伤心或悲痛；如若看到一个人眉眼舒展，手舞足蹈，就知道是心情愉快。

心理健康的人，表现出的行为应当是协调一致、恰当适宜的：

1. 心理行为是统一的，悲伤的时候哭，开心的时候笑，愤怒的时候骂等。

2. 行为不过度，例如游戏使人放松，但游戏成瘾就会影响人的身心健康；疫情防控期间，人们勤洗手，利于防疫，但过于频繁，几分钟就要强迫自己洗一次手就不是很正常了；还有躁狂、拖延症等，都是行为过度的表现，需要对行为背后的心理状态进行调节。

3. 行为符合年龄、社会角色等特征，表现得体恰当。如果成年后仍表现出孩子的行为方式，任性哭笑，或者在家庭角色中仍然保持着职场的行为方式，这些都是行为不当的表现。

四、人际和谐

人际关系和谐是一个人健康成长的基本条件。奥地利著名心理学家弗洛伊德认为：人伴随分娩而产生的基本焦虑，只有依靠他人才能得到缓解。人本主义心理学家马斯洛认为：人都有归属和交往的心理需求，这如同吃饭穿衣一样不可或缺。每个人都希望归属于一定的团体，希望拥有幸福美满的家庭，渴望得到一定的社会认可和接受，并与同事建立和谐的人际关系。如果人的这一需求得不到满足，就会产生心理疾病，因此，在一定程度上可以说，人际关系的不和谐是心理疾病的根源，心理病态的人是一个从来没有学会与他人建立和谐人际关系的人。

和谐的人际关系体现在：

1. 对他人的认可和宽容，懂得"金无足赤，人无完人"的道理，如果要求周围的每个人都符合自己的理想标准，那就无法建立和谐的人际关系。

2. 具有爱的能力和一定的共情能力，能站在别人的角度考虑问题，能理解别人的情感。

3.有和谐的人际关系，能够与家人、朋友、同事等建立良好的关系，进行友好的互动，同时也会独处，有自己独立的生活和心理空间，别人的言行举止不能左右自己的行为和情绪，因而有较少的人际关系的烦恼和困惑。

五、社会适应

能否适应社会，对个体的生存与发展具有重要意义。在遇到冲突和挫折时，心理健康的人通常能采取适当的策略，调整自身的心理和行为，以适应社会。如果长期的社会适应不良，其观念及行为不能为他人所接受，与社会相隔离，久而久之就会产生心理疾病。

社会适应表现在两个方面：

1.人的心理和行为基本符合社会公认的行为准则和规范。如果一个人的心理活动和行为表现显得过于离奇，不为常人所理解、所接受，那么可能就需要关注。例如数月甚至几年不出门，每天都待在家里看手机或睡觉；用小刀或利器划伤自己等。

2.尽管环境有所改变，但个体的心理活动和行为仍然保持一致。比如，一个人一向乐观开朗、活泼好动，但工作调整后，逐渐变得抑郁寡欢、沉默少语，甚至绝望轻生；或者个体一向沉默寡言，喜静不喜动，但离婚后，突然变得夸夸其谈，口若悬河，自我感觉良好，表明这个人的社会适应可能出现了问题。

以上是心理健康的初步判断标准，只能帮助我们做粗浅的分析，如果需要更准确科学的判断，还需要寻找心理咨询师、心理医生进行评估和诊断。

心理健康评估对照表

序号	方面	标准	表现
1	认知合理	1.认知功能良好	1.能正确认知和加工信息； 2.记忆力良好； 3.能正常工作生活

第一章 心理知识：就在我们的身边

续　表

序号	方面	标准	表现
		2. 认知思维合理	1. 没有绝对化思维； 2. 没有过分概括化； 3. 没有糟糕至极思维
2	情绪稳定	1. 情绪表现事出有因	该高兴时会高兴，该悲伤时会悲伤
		2. 情绪表现时间合理	事件发生后会高兴或悲伤，但事后，情绪反应能够逐渐消失，不会长期处在悲伤、抑郁等情绪中走不出来
		3. 情绪总体稳定	1. 不会大喜大悲，或喜怒无常； 2. 积极情绪占主导
3	行为适当	1. 心理行为统一	高兴时会笑，悲伤时会哭
		2. 行为不过度	不会有成瘾行为
		3. 行为符合年龄和社会角色	年少该有年少的行为，老年该有老年的行为
4	人际和谐	1. 认可和包容他人	能够理解和包容不同性格的人
		2. 具有爱和共情能力	1. 能站在他人的角度看待问题； 2. 能理解他人的情绪情感
		3. 有良好的人际关系	1. 良好的婚姻家庭关系； 2. 良好的同事关系等
5	社会适应	1. 心理行为符合社会规范	心理和行为不能过于离奇
		2. 心理行为能适应环境变化	外部环境变化后，心理行为能较好地适应新的环境

哪些因素会影响心理健康

身体、生理方面的特征和变化，可能会给人带来巨大的心理压力和心理冲突。

例如，身体残疾、生理疾病。由于身体残疾或身患疾病，可能会觉得低人一等，价值感低；觉得自己是家庭和社会的负担与累赘，内疚感强；同时由于与常人不同，容易产生自卑感，严重者还会失去对生活的信心和勇气。

突发大病的职工也特别值得关注。很多职工在面对突如其来的打击时，心理比身体更先崩溃。例如，他们会觉得还有太多的事情未能完成，无比遗憾；会不断反刍和思考自己到底哪里出了错误，为什么病的是自己，非常自责与懊悔；会过度关注与疾病相关的负面信息，因此引发极大的恐惧感；会情绪极不稳定，一会儿充满治疗的信心，瞬间又极度悲观，觉得不可救治等，种种复杂、波动、负面的情绪和巨大的心理压力会严重地影响疾病的治疗，甚至击垮一个原本可以康复的人。

除此之外，影响心理健康的因素还有以下五个。

一、工作压力

工作压力对心理健康的影响是比较复杂和多元的，我们需要深入分析是工作中的哪个或哪几个因素影响了心理状态。对于工作压力源，有研究认为主要包括七个因素：上级领导、工作责任、人际关系、工作任务、工作性质、完美倾向和职业前景。

1.领导的风格通常会影响职工的情绪和心理状态，例如有些领导作风专制，工作态度强硬，对达不到要求的职工会指责、批评、谩骂甚至威胁和开除，这会给职工带来巨大的焦虑感和恐惧感。

2. 工作责任通常与工作能力相匹配，如果工作责任大大超过了员工解决问题的能力和心理承受的能力，员工也会有极大的压力感。

3. 职场人际关系对员工的情绪影响也很大，如果一个单位的人际关系紧张，恶性竞争，彼此防范，相互排挤，员工是不能自由表达情感情绪的，因此也得不到相互支持与关怀，长期的情绪压抑会造成情绪和心理问题。

4. 工作任务过重，长时间地超负荷工作，过度挤占休息、娱乐时间，超过了职工的身体和心理承受能力，职工长时间地处在紧张、焦虑和压力下，内心体会不到工作的乐趣、成就感和满足感，逐渐失去对工作和生活的意义感。

5. 工作性质特殊。一些性质特殊的工作岗位，其工作特点会带给职工很大的心理压力。例如，警察随时面临着人身危险；窗口人员随时可能会被客户误解投诉等，这些岗位的职工，需要关注心理和情绪的调节。

6. 完美倾向。有一些职工是"不用扬鞭自奋蹄"的自我驱动型人格，非常注重领导或同事的评价，过于追求工作的完美，不允许出现一点瑕疵和不好的评价，工作中诚惶诚恐，忧愁焦虑，习惯否定自己，怎么做都觉得自己做得不够好，时间久了，情绪会崩溃。

7. 职业前景。如果职业发展前景明晰而有前途，职工们自然会充满信心，充满勇气，充满干劲。如果职业发展模糊，职工朋友们不知道未来往哪里走，自然会情绪迷惘、焦虑、抑郁。如果职工朋友们在工作中有迷惘感和迷失感，那么建议及时给自己定个相对清晰的奋斗目标，克服心理内耗，在成长中寻找机会。

二、性格因素

人的性格特征也与心理健康状况有着紧密的联系，同样一件事情，有的人觉得没什么，根本不往心里去；有的人焦虑忧郁，但调整一下就过去了；但有的人可能会引发心理疾病。

人格心理学认为，人的性格可能分为四种，即多血质、胆汁质、粘液质和抑郁质，其中抑郁质性格的人，对事物敏感，做事谨慎细心，情绪体验深刻，但往往多疑、孤僻、拘谨、自卑。最典型的抑郁质性格便是《红楼梦》中的林黛玉，看到落花会忧愁痛哭；听到周围的人说话，总会怀疑是在说自己；长辈批评孩子，马上生出寄人篱下的情愫，整日郁郁寡欢。

人的性格除了遗传因素外，也与成长经历有关。如果家庭教育环境宽松、民主，孩子通常积极、自信、乐观，长大后体验到的不良情绪较少；而家庭教育方式过于严苛，孩子需要时时关注父母的脸色，长大成人后，会特别在意别人的态度与评价，容易否定自我，消极情绪体验较多。我们每个人要了解自己的性格，接纳自己的个性，并学习调整自己的心态，以适应环境与社会。

三、认知方式

对事物的认知常常决定了人们的心理和行为方式。认知心理学认为，很多心理问题是由于人们对于客观事物做出了错误的解释、归因和认知。

不合理的认知会严重影响我们的情绪和心理健康。例如，我们常常会听到一些职工说：我今天穿了条新裙子，有个人看着我笑，她肯定是在嘲讽我穿得丑；我给朋友发了消息，很久都没有收到回复，朋友肯定觉得我很烦；我今天和同事打招呼，同事没有回应我，他肯定故意当没看见我。持有这种自我否定和绝对化的认知方式，情绪就会慢慢变得压抑甚至抑郁。美国临床心理学家艾利斯说："人不是为事情困扰着，而是被对这件事的看法困扰着。"平时及时调整我们的认知思维方式，让积极的认知方式更多一些，我们的心态就会变得阳光积极。

四、家庭因素

和谐的家庭环境，可以带给我们良好的心理状态，帮助我们获得心理成长，给予我们应对心理困扰和冲突的勇气；相反地，不和谐的家庭环境，则会给我们带来心理冲突，甚至引发心理问题。

家庭因素对于心理健康的影响表现在：

1. 家庭结构。家庭结构不完整，生活在离异或失去其中一方的阴影下，长期得不到情感和心理支持，心理比较容易受到伤害。

2. 家庭经济压力。生活困难的职工朋友们，更容易产生压力感、挫折感、不公平感，痛苦、矛盾、焦虑、愤怒等负面情绪的产生，容易形成不良心理状态。

3.家庭沟通。家庭沟通方式决定着家庭氛围，有良好的沟通方式，家庭氛围温馨，心理健康状态就比较好。如果一个家庭中，夫妻都不善于表达，平时很少交流，彼此都不能沟通内心的想法，不表达对彼此的情感和爱意，慢慢地家庭矛盾就会产生，夫妻关系恶化，严重影响职工朋友们的心理健康。

五、社会环境

一个国家的经济关系、伦理道德、社会安定状况、社会文化发展程度、宗教、风俗习惯、社会福利状况等都影响着每个人的心理状态。例如，社会经济状况剧变、社会关系发生变故、社会文化变迁、社会生活中的突发事件等，都可能导致人们产生紧张心理，成为造成社会适应不良的诱因。

心理健康很重要吗

现代科学研究认为,心理健康与身体健康是互相影响、互相制约、辩证统一的关系。身体健康是心理健康的重要影响因素,有了健全的身体,心理更容易健康;同时健康的心理对生理发展有重要的促进作用,不仅可以减少身心疾病的产生,还可以增强病人战胜疾病的勇气和信心,促进疾病康复。

现代医学认为,身体疾病分为传染性疾病、功能障碍性疾病和心因性疾病。心因性疾病是由精神或心理因素引起的身体疾病表现,其最大的特点是检查不出器质性变化,主观症状与客观体征不符合,也就是说病人感觉有症状,但检查不出体征。例如有的职工一段时间内情绪不好,但表现出来的却是胃疼,或者偏头痛,女性可能是乳房胀痛等。

网络上有一句话:情绪不好,所有的养生都是徒劳。的确如此。

心理健康影响心理品质的形成。良好的心理品质非常重要,它是一个人基本素养的重要组成部分。良好的心理品质能够帮助我们较好地调节心理状态,应对社会的快速发展变化,提升心理健康的水平。

心理健康的人,能正视现实,展望未来;能注重实际,不胡思乱想;能接纳挫折,积极应付;能有理有情、情理相融,这些对良好的道德品质的形成和发展都有极大的促进作用。

心理健康的人并非没有过多的痛苦和烦恼,而是能适时地从痛苦和烦恼中解脱出来,能够深切地领悟人生冲突的严峻性和不可回避性,并积极地寻求改变不利现状的途径。

心理健康的人能够自由、适度地表达、展现自己的个性,并且和环境和谐地相处，能调整自己的认知和思维角度，不过度钻牛角尖儿，心态淡定而从容。

心理健康往往有强烈的自我发展倾向，善于不断地学习，不断地充实自己，能够努力地进行自我成长，发展良好的心理品质。

心理健康的人对于学习和工作有着明确的意义感，能够从中体会到乐趣、成就感和价值感，愿意通过不断的学习，丰富和积累知识，改善提高自己，以积极的态度提高工作学习效率。

心理健康的人能够平衡和协调好工作和家庭、个人与集体、自己与他人的关系，能够在纷繁的事务中整理出头绪和顺序，能够积极调整和管理自己的情绪，内心平静地投入工作和生活，不轻易被其他因素所干扰，较少情绪内耗，注意力更为集中，效率更高。

心理学研究认为，幸福感是一种主观感受，是一种快乐体验、一种对生活的满意感。但是，人们对美好生活的主观期盼与现实之间总是难免有落差，能否正确、客观地认知和接受这种落差，是衡量心理健康的重要因素之一。

著名心理学家马斯洛认为，心理健康的人能设定切合实际的生活目标，或者改变对于生活的过高期望，使之与现实相符，从而提高生活满意度。

现实生活中的压力或挫折会影响我们的情感反应及对生活的态度，如果我们体验到更多的负性情感，就会出现焦虑、抑郁等心理健康问题，从而无法体会到生活的快乐；心理健康的人，则能够合理地调节社会环境或生活压力对心理的冲击，加强对负性情感的控制，使自己体验到更多的积极情感，从而维持较高的主观幸福感，可见，提高心理健康水平，实际上就是让人们生活得幸福快乐。

心理正常与心理异常指什么

在日常生活中，职工朋友们常常会说：我心里不健康了，就是心理有病了吧？在心理学中，这是两个维度的概念。

一、心理正常与心理异常（不正常）

心理正常是指具备正常功能的心理活动，没有精神障碍症状；主要表现为：能够保障人顺利地适应环境，健康地生存发展；能够保障人正常地进行人际交往，在家庭、社会团体、机构中正常地履行责任；能够保障人正常地反映、认识客观世界的本质及其规律。

而心理异常（不正常）则是指人的心理活动丧失了以上的基本功能，出现了典型的精神障碍症状，包括认知障碍，如幻听、幻觉等；思维障碍，如思维奔逸、思维迟缓等；情绪障碍，例如情绪高涨、情绪焦虑等；意志行为障碍，如意志缺乏等。

因此，可能简单通俗地说：心理正常就是心理"没病"，而心理异常则是指心理"有病"。

当然，从心理正常到异常并不是简单的割裂的过程，一个心理正常的人，如果因为长期的情绪困扰，并且得不到及时的干预和处理，就会慢慢导致一系列的心理异常，严重的话，甚至可能使人产生精神病变。

二、心理健康与心理不健康

这里要跟职工朋友们强调一个概念：心理健康和心理不健康都属于心理正常的范畴。在心理正常的范畴下，根据水平不同，又分为心理健康和心理不健康。

心理不健康又分为两种情况：

一般心理问题：也就是由现实因素激发，如失业、家庭变故、考试压力大等；持续时间较短，一般不超过两个月；情绪反应能在理智控制之下，不严重破坏社会功能，还能正常地工作、生活和学习；情绪反应尚未泛化的状态。

严重心理问题：由较为强烈的、对个体威胁较大的现实刺激引起；心理冲突是现实性的或道德性的痛苦情绪；间断或不间断地持续时间在两个月以上或半年以下；遭受刺激时，可能会短暂地失去理性控制；情绪反应被泛化。因此，心理不健康决不是"心理有病"或者"心理不正常"，只是心理上出现了不同程度的"感冒"。

正如下图示例：

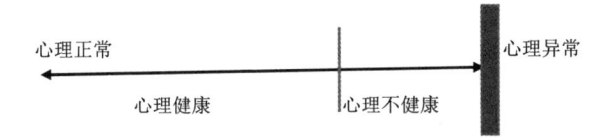

```
心理正常                              心理异常
←─────────────────────────┤█│
        心理健康        心理不健康
```

三、如何判断心理有病与没病

那么，如何判断一个人心理有病还是没病呢？如果我身边的同事或朋友出现心理障碍，有什么比较可行的判断依据呢？中国科学院心理研究所郭念锋教授提出了三条原则，作为确定心理正常与异常的依据。

1. 主观世界与客观世界的统一性原则。

如果一个人坚信他看到或听到了什么，而在客观世界中，当时并不存在这种引起他感觉的刺激物，那么他的精神活动就不正常了，产生了幻觉；如果一个人的思维内容脱离现实，或思维逻辑背离客观事物的规律性，并且坚信不疑，那么他就产生了妄想；如果一个人的心理冲突与实际处境不相符合，并且长期持续，无法自拔，那么他就产生了神经官能症。人的精神和行为要具有统一性，如果精神和行为与外部环境失去了统一性，也就失去了自知力和现实检验的能力，那么心理也就不正常了。

2. 心理活动的内在协调性原则。

人类的精神活动可以被分为知、情、意等部分，它自身是一个完整的统一体，各种心理活动过程是协调一致的。一个人遇到一件令人愉快的事情，会产生愉快的情绪，欢快地向别人述说自己的内心体验，这个人的精神和行为就是正常的；如果一个人对痛苦的事情，做出快乐的反应，那么他的心理过程就失去了协调一致性，心理就是不正常的。

3.人格的相对稳定性。

一个人的人格一旦形成，便有相对的稳定性，在没有重大外界变化的情况下，一般是不易改变的。如果在没有明显外部原因的情况下，一个人的人格相对稳定性出现问题，那么可能就出现了心理异常。例如，一个人平时对人很友好热情，突然变得冷漠木然，这个人有很大概率出现了心理异常。

四、如何帮助职工

通常来说，心理咨询解决人的心理不健康的状态，心理治疗师及精神科医生解决人的心理不正常，也就是心理异常问题。如果我们发现同事或朋友有了以上心理异常的症状，就要善意地提醒或引导他们去专业医疗机构进行专业的诊断。如果是情绪或心理不健康的状态，则要引导职工寻找专业的心理咨询师。

需要提示的是心理疾病的判断和诊断必须由专业的心理治疗师或精神科医生来完成，我们通常做的量表测评只能帮助我们初步了解自己的心理和精神状态，没有专业治疗师的诊断，不能轻易地仅凭测量分数来定性。

第一章　心理知识：就在我们的身边

心里不痛快，身体真的知道吗

有这样一个案例：

刘先生离婚了，没有孩子，在一家会计师事务所工作了 25 年。他一直感觉身体不舒服，表现为经常头疼、偶尔胸疼，总是担心肠道有问题，胃肠胀气、便秘等。头疼经常发生在下班后或周末，通常是先头顶疼，然后转移到脖子疼，有时感觉头上紧箍着一条带子。胸疼的时间不固定，工作压力大的时候会更多一些。刘先生重复性地做了很多检查，包括血常规、X 光片、心电图、脑 CT 等，6 年内做过 3 次结肠镜检查，检查结果都是正常的。

医生进一步了解到：刘先生的父母已经去世，父亲 45 岁死于车祸，母亲 67 岁死于乳腺癌，四川还有个姐姐，因为距离远，联系较少。刘先生不抽烟不喝酒，婚姻维持了 4 年，妻子有了外遇。他很少有社会活动，认为自己工作太忙，没有空闲时间。

后来医生初步做了诊断：刘先生的躯体症状是由心理原因造成的，焦虑、抑郁等情绪，通过躯体的不舒服表现出来。[1]

这种现象，在心理学上称为心理问题躯体化。

一、什么是心理问题躯体化

在生活中，可能会出现这样一些情况：在工作特别繁忙、压力很大的时候，会出现头痛、胃痛等症状；或者由于长期的情绪压抑、悲观、焦虑，身体

---

[1] 案例来自《全科医学中的心理健康病案研究（二）——心理问题躯体化表现》：世界全科医学工作前沿，2012.2.

表现出头痛、乏力、失眠、身体不舒服、工作效率下降等症状；有的孩子中考或高考压力非常大，会感觉浑身不舒服，但又说不清楚具体哪里疼，甚至会有虫子在皮肤上爬行或咬噬的感觉，又称蚁行感；还有的老人因为患病焦虑，反复的感觉胸闷、气短甚至是心绞痛等。但上述各种病例在相应的医学检查时，却没有发现明显的病理改变，或者临床检查中发现的病理改变不足以解释患者自觉症状的严重程度。这种情况下，可能是由心理原因造成的躯体症状，是借躯体症状来表达精神不适的一种现象。心理学解释为一个人本来有情绪问题或者心理障碍，但却没有以心理症状表现出来，而转换为各种躯体症状来表现，是心理冲突转化为躯体痛苦的过程。

现代医学认为，当前有大量病人的症状是无法解释的，甚至有医生认为超过30%的全科医学病人的症状无法解释为躯体疾病，很有可能归结为心理问题，特别是那些无法解释的胸痛、腹痛、头晕、头疼、心悸等。[1]

二、为什么会出现心理问题躯体化

精神分析学派认为：人在婴幼儿时期，由于不会语言表达，所以个体对外界的刺激主要是通过躯体做出反应，遇到焦虑、恐惧时，会形成原始的躯体反应模式。这一时期，如若不得到母亲较好的理解并给予恰到好处的满足，躯体的不适和糟糕的感受就会积存下来，永远留存在潜意识里，在遇到挫折、压力和困境时，早先的躯体反应就会重现。

当然，人的个性特征也会影响躯体化的现象。例如，有医生对其治疗数月或数年的初发性年轻冠心病患者，进行回顾性分析后发现：大多数人的患病诱因与某种特殊的个性特征有一定关系，具体表现为：好胜心过强；有很强的竞争意识；很容易引起不耐烦；有时间紧迫感；对工作和职务过度地提出保证；有旺盛的精力和较强的敌意等。因此，心理特征与身体健康有着密不可分的关系。

---

[1] 《全科医学中的心理健康病案研究（二）——心理问题躯体化表现》：世界全科医学工作前沿，2012.2.

三、如何处理心理问题躯体化表现

心理问题的躯体化表现是有诊断标准的,如果近期身体极为不适,到医院做医学检查又无果,或者按照医生的治疗方案治疗效果不理想,那么就有可能是心理问题的躯体化表现。

1.与医生紧密配合,将躯体症状情况及心理压力、焦虑及情绪问题一并向医生表述清楚,由医生给予专业的诊断。同时,在医生的指导下,配合医生共同制定治疗方案。

2.在医学治疗的同时,可以进行心理治疗或者心理咨询,在专业心理咨询师或治疗师的指导下,不断调整自己的心理状态,优化自己的认知和情绪。

3.改善自己的心理和情绪状态,通过饮食改善、运动、音乐等多种方式,调动自己的积极情绪,改善自己的消极情绪,可能心理和情绪问题解决了,身体问题也就迎刃而解了。

什么情况下需要心理咨询

很多职工朋友们都认为心理咨询离我们太遥远了,我们又没有心理疾病,为什么要找心理咨询师呢,找了心理咨询师,岂不是说明我有病了?

其实,心理咨询的对象是心理正常的人,而心理疾病则要去专业的医院精神科进行心理治疗。

一、心理咨询能干什么

1.心理咨询时,咨询师会与来访者建立积极稳定的关系,这种关系给来访者以安全感和信任感,让来访者毫无顾虑地探索自己,逐步学会以更积极的方法对待自己和他人。

2.心理咨询还能为来访者提供全新的人生体验,帮助来访者逐渐改变一些不合理的认知、思维、情感和反应方式,换个角度看待世界,发现这边风景独好。

3.心理咨询还能协助来访者解决一些心理行为问题,如工作生活中出现的心理疑惑、认知扭曲、人际关系误区、情感困惑等。咨询师会针对不同的问题,应用不同的方法,帮助来访者找到解决问题的良方。

4.心理咨询还能帮助来访者打开心路,更加正确地对待自己,增强自信心,学会处理纷繁复杂的工作和生活中的各种关系,重新拥有健康的心态和人格,增强安全感和幸福感。

二、什么情况下需要心理咨询

如果职工朋友们遇到以下情况,不妨试着寻找心理咨询的帮助:

1.情绪低落或情绪不稳定,时间超过三周仍未得到缓解。表现为内心有沉重感，忧心忡忡的，感觉不开心。严重的时候觉得忧虑沮丧，唉声叹气，悲观失望，或者是自卑自责，有罪恶感。另外，一段时间内情绪不稳定，有时候觉得情绪高昂，有时候又情绪低落；容易被激怒，控制不住地发脾气等。

2. 身体不适但检查不出来。感觉自己身体不舒服，生病了，但到医院检查又查不出器质性疾病，如身体的某些部位疼痛等。

3. 人际关系不良。如果出现了夫妻矛盾、亲子关系不良、家庭关系不和、同事关系紧张等情况，并且影响了自己的心理状态，感觉沮丧、悲观、痛苦超过两个月，可以寻找心理咨询师的帮助。

4. 工作生活压力感强。所谓压力感强是指工作或生活中的事件超过了心理承受能力，从而感到焦虑、痛苦，压抑，伴随着行为上的不良表现，如易怒、叹气等；还有身体上的不适，如头痛、胃疼、失眠、没有食欲等。如果持续时间超过一两个月，建议寻找心理咨询师帮助调节。

5. 持续失眠。失眠是指睡眠质量不高，难以入眠、不能入睡、过早或间歇性醒来等。如果这种情况超过两三个月，建议到医院诊治或找心理咨询师帮助。

6. 遭遇重大生活变故。假如遇有失恋、岗位调整、亲人逝去、晋升失败、人际冲突、自然灾害等，容易出现心理应激反应，如果觉察到心理或情绪受到影响，建议找心理咨询师帮助。

7. 发展性问题。例如，如何做更好的职业规划、如何进行更好的亲子沟通、如何更好地探索自己等。

三、心理咨询师无法解决的情况

心理咨询工作是有边界的，心理咨询师也不是万能的，有些情况，就不是心理咨询师能够解决的。

1. 精神病或严重心理障碍患者，比如精神分裂症患者、人格障碍患者或其他严重情绪障碍患者，需要到精神专科医院诊断治疗。

2. 脑器质性病变引起的心理或精神活动异常的人，由于其发病原因是脑部某些功能区域受损导致心理活动或精神活动异常，所以通过心理咨询是无法解决的，需要到医疗机构诊断治疗。

3.非心理问题性质的人，例如，选择什么样的结婚对象、要不要生孩子、选择什么样的工作单位等决定性的事项，心理咨询师很难帮助来访者做决定。

第一章 心理知识：就在我们的身边

心理学名言

通过科学，我们获得了自由；而通过心理学，我们将获得幸福。

——刘嘉

只有彻底接受自己的真实存在，我们才能够有所变化，才能超越自己现有的存在样式。

——卡尔·罗杰斯

如果我不能漂亮，我将使我聪明！一个人要想真正的成长，必须在洞悉自己并坦然接受的同时又有所追求。

——卡伦·霍妮

第二章

好好工作：游刃有余于职场

职场焦虑：可以这样缓解

很多职工朋友们都有着明显的职场焦虑。长期的职场焦虑会严重危害身心健康，伴随出现各种身体不适，如胸闷、头痛、肠胃不舒服等；同时还会出现注意力无法集中、精力减退、思维混乱、理不出头绪、静不下心等状态，引起工作效率的明显下降；焦虑情绪若得不到及时调节，可能还会发展为精神性疾病，应该得到广大职工朋友们的重视。

那么，缓解职场焦虑有什么办法呢？

一、建立秩序感

焦虑的职工朋友们会有一个感受：面对工作生活中诸多烦恼头疼的事情，不知该从何下手，无力应对，无心应付，心中一团乱麻。当内心的秩序感缺失时，心里就会七上八下地忐忑不安，焦躁难耐，生活也没有了节奏与规律。

积极心理学奠基人之一米哈里·契克森米哈赖在《心流》中提道：幸福是一种内心的秩序感。就像一间整洁的房间，如果不整理，它会越来越乱，最后可能乱到再也整理不出来了。我们的内心世界也是如此，如果不主动整理情绪，整理心情，内心也会越来越乱。内心建立起秩序感，会增强我们的掌控感和安全感，按照自己的节奏生活，内心会慢慢变得从容和淡定。

如何建立秩序感呢？给大家几个小建议：

1.从物品整理开始。

将家里、办公室的物品安排固定的位置，有序排列，各归其位。从简单的事情开始，找回有秩序的心理体验。

2.制订工作计划。

包括每年的工作目标，每月的工作安排，每天的任务清单，不求高不可攀，以可达到能实现为准，试着将生活有条理地过起来，让有节奏的生活带来内心的稳定感。

3.思考人生规划。

焦虑有时候来自没有目标的迷惘，让自己安静下来，考虑自己的职业发展和人生方向，正如给自己的人生一盏照亮前方的明灯。

例如，有的职工因为身材而焦虑，越焦虑越不敢吃，事实上却吃得越多。这时候，不妨整理好心情，科学安排每天的用餐，合理安排每天的工作生活，让生活有序充实起来，用餐有序有度起来，内心有序自信起来。

日本作家村上春树认为自己的成就来源于非常有序和规律的生活，他每天早上四点起床，泡咖啡吃早点；五点开始写作，到十点结束；十点开始运动一小时，跑步或者游泳；十一点开始处理杂务；十二点午餐。不仅如此，他规定自己每天写满4000字就停笔，绝不再多写一个字，他不会为了所谓高产，打乱自己的时间节奏。几十年如一日的作息，是他为自己建立的专属时间秩序，他有自己清晰的目标，有属于自己的计划。

二、找到目标感

焦虑还可能来自迷失，不知道自己想要什么，或者想要的东西太多。很多孩子学习非常好，成绩非常棒，但就是焦虑抑郁，因为不知自己学习是为了什么，想要什么；还有一些职工朋友们也焦虑，因为工作不如意，挣钱不够花，爱人不称心，孩子不听话，到底什么样的生活才能让自己满意，是自己想要的，心中没有概念，只有情绪。

人生需要有个相对清晰的目标，目标引导着生活中的很多选择。俗话说：一艘没有目标的帆船，任何方向的风都是逆风，只有目标清晰，人生才能有条不紊地前进，人生有了目标感，生活才有动力，才有意义，才有价值。

如何找到目标感呢？

1.根据自己的能力、兴趣和条件，找到自己想要通过努力和奋斗获得的目标，这个目标是自己内心想要的，符合周围条件的，并且是符合自己能力水平的。

2.将大目标划分为无数个小目标，小目标可以立即行动，易于实现，增强自己战胜焦虑的信心和勇气。

3.体会行动中的乐趣，当一个小目标实现之后，给自己奖励，继续前行，找回充实与快乐，最终战胜焦虑。

例如，有的职工焦虑于自己的孩子，觉得孩子如果考不上好的高中，就上不了好的大学，就找不到好工作，就一辈子没有希望。这种焦虑一方面是认知不合理，过于夸大考试对于孩子一生的意义和作用；另一方面是没有掌控感，不知道学习不优秀的孩子未来会怎样。与其被焦虑所折磨，不如先放下焦虑，注重当下。先制订考上高中的大目标，再分解为每学期的小目标，再具体为每天的学习计划，集中注意力于学习。

三、找回行动力

焦虑还有一个重要原因是被问题所困扰，不知如何解决难题。例如，有的职工工作焦虑，觉得工作没有前途没有希望；有的职工婚姻焦虑，怕婚后可能会有诸多困难，等等。这些焦虑都是因为迷惘和担心所引起的，当前路尚不清晰，目标尚未找到的时候，不如先行动起来，躬身入局，在行动中找回克服困难的勇气，寻找解决问题的对策，逐步破解情绪的焦虑。

例如，有位职工准备边工作边考研，但怕影响工作，还影响考试，又想冲一下985、211院校，否则考研的意义不大，但985、211院校研究生考试难度的确很大，万一考不上，损失挺惨重。所以现在很焦虑，很难投入学习当中，内耗很大，该怎么办呀？

这位职工是陷入了情绪内耗，因为被不良情绪所困扰，导致既无法投入工作，又无法投入学习。好的办法就是考研这一目标一旦确定了，即使看不清未来，即使迷惘，即使有可能失败，也不问结果。缓解焦虑的办法就是注重当下，从每天有计划的行动中寻找目标、勇气和动力。行动不一定有好结果，但不行动就一定没有好结果。与其纠结于未来如何，不如走好现在的每一天。

习得性无助：如何破解"破罐子破摔"

我女儿小时候不爱运动，体育成绩一直是个老大难。初中后开始焦虑，因为中考总成绩中，体育成绩要占到 40 分。我鼓励女儿好好上体育课，坚持锻炼。她很努力，但 800 米长跑和绕杆运球这两个项目还是做不好。女儿很沮丧，认为自己天生协调性不好，没有运动天赋，再努力都不可能取得好成绩，于是有了放弃努力、破罐子破摔的想法。但一想到中考必须得考，内心又变得焦急无助，情绪焦虑，脾气暴躁。

很多人都有过这样的体验，就是付出了极大的努力，仍然无法改变结果，因此想放弃努力，破罐子破摔。例如无论怎么努力，领导都对自己的工作不满意，怀疑自己的能力而产生放弃努力的想法；孩子无论怎么用功，父母都认为成绩不够理想，孩子便怀疑自己天生不是读书的材料；无论付出多少，妻子都觉得丈夫不够爱自己，丈夫由此认为彼此不适合，想要放弃婚姻等，这在心理学上被称为习得性无助。

1967 年，美国著名心理学家塞里格曼做过一个实验：他把狗关在笼子里，只要蜂鸣器一响，就给狗施加难以忍受的电击。狗关在笼子里逃避不了电击，也逃不出来，于是只能在笼子里狂奔乱蹿，惊恐哀叫。多次实验后，只要蜂鸣器一响，狗就趴在地上，哀叫不止，即使笼子的门被打开了，狗也放弃了逃出去的想法，再也不试图跑了。后来，实验者在电击前，把笼门打开，此时狗不但不逃，而且不等电击出现就倒地呻吟和颤抖，绝望地等待痛苦的来临。塞里格曼后来又做过几个实验，通过实验得出结论：在经历无法控制的不利事件后，无论是动物还是人都习得了无助和被动，即习得性无助。

习得性无助是一种消极的心理体验，它会使人们信心受挫，斗志消失，精神绝望，从而放弃努力。内心的消极和悲观，慢慢形成了消极思维定势，对失败的恐惧大于成功的希望，不再指望自己能够成功，错失很多机会。因为对前途的迷惘、对生活的失控、对自我的否定，与无助感相伴随的，通常是焦虑感和抑郁感，身心健康也会受到影响。

那么，该如何避免破罐子破摔的习得性无助感呢？

一、调整认知

每个人都希望付出就会得到应得的，甚至是超额的回报，当持续的付出始终得不到好结果时，自然会产生失望、消极、沮丧甚至是愤怒的情绪，这是正常的情绪体验。可以允许消极情绪出现，并且可以用运动、倾诉、宣泄等方法处理情绪，但要防止情绪弥漫。沮丧和消极的情绪来自事情或对事情的看法与处理方法，而非整个人，不能因此否定自己，从此"躺平"。

女儿气馁地说自己协调性不好，没有运动天赋，无论怎么努力都不可能取得体育好成绩。我知道她是陷入了习得性无助的心理怪圈中，于是我跟女儿说：如果要成为体育世界冠军，运动天赋可能真的很重要。但体育成绩是基本的体能要求，天赋起不了决定性因素，正确的方法和有效的训练才是关键因素，因此不能轻易否定自己。女儿觉得有道理，情绪也慢慢平稳了很多，能够静下心来继续反思事情的改善方法了。

二、正确归因

心理学认为，无助感是后天"习得"的，不是天生就有的，大部分人刚开始都是积极热情、充满希望的，只是屡次的不如意，被归因于自己内在的稳定的不可改变的因素后产生的绝望感，归因在其中扮演了重要的角色。

所谓归因，就是对自己和他人的行为过程作出的解释和推论，如果动辄将失败归因于自己天生愚笨，没有能力，智力低下，从根本上就是错的等不可改变的因素，那必然会产生无助感，产生破罐子破摔想要放弃的绝望感。相反，如果将失败归因于方法有误、努力方向或程度不够、技术有待提高等可以改变的因素，那么失败就会成为成功之母。

例如，夫妻总是吵架，丈夫无论多么努力想要做好，妻子都觉得丈夫不够爱她，觉得是三观不合，婚姻根本上就是错的。如此归因，就会越来越绝望，每天带着委屈的心态生活，日子进入了恶性循环的状态中。但如果归因于具体的、可改变的因素，如丈夫不善表达、在家庭中的时间过少、不能准确理解妻子的意思等，那么就会有改善的意愿，并且想办法增进彼此的理解和默契，日子久了，婚姻仍会相濡以沫。

三、解决问题

想要真正地走出习得性无助感，由消极变积极，化失败为成功，还是要寻找解决问题的方法。心理学认为：问题解决思维分为四个阶段：一是发现问题，即准确地意识到工作、生活中存在的问题；二是分析问题，弄明白问题的性质、有哪些矛盾、主要矛盾是什么、解决问题的条件是否具备、时间要求，等等；三是提出假设，在分析问题的基础上，提出可采用的、适合于自己的问题的解决方案，具体的途径、方法等；四是检验假设，就是按照假设的方法实施一阵子，看看效果如何，是否还有改善和调整的必要与空间。

女儿的800米长跑和绕杆运球两个项目成绩不理想，我让女儿分析问题在哪里？女儿说800米长跑的问题是同学跑得太快，自己跟不上，每次跑下来，胸口像要炸了一样痛苦难受；绕杆运球的问题是球掌控不住，绕杆的时候，球容易跑。接下来就是分析问题，800米长跑成绩不理想的原因是在体能不够的基础上追求速度，身体承受不了；绕杆运球成绩不理想的原因是对球的掌控能力不够；解决方案是女儿每天以能接受的速度进行800米长跑训练，不用跟同学比拼；另外女儿每天放学回家后，练习拍球半小时；女儿以这样的方法练习了一个多月后，成绩就达标了，中考取得了不错的成绩，并且从此成为一个健身达人。

身处 VUCA 时代，以成长型思维来拥抱变化

最近，ChatGPT 被热议，大家再一次被快速变化的科技与时代所震撼。有职工朋友说：我大学学中文，工作后一直苦练公文写作，最终成为单位的"一支笔"，当写作成为我的核心竞争力，让我有了一丝职业安全感的时候，ChatGPT 出现了，这个软件分分钟就会形成一篇高质量的写作文稿，我再次感受到威胁，安全感降低。

一、身处 VUCA 时代

今天，我们身处一个快速的、复杂的时代，有学者将其定义为 VUCA 时代。乌卡时代（VUCA），是 volatile、uncertain、complex、ambiguous 四个单词的缩写，这四个单词分别是：

1. 易变不稳定，指事件的发生是意想不到的，而且事件的走向充满变数，维持的时间也是未知的。

2. 不确定，指事件的相关信息不明了，其原因、结果和影响都是不确定的。

3. 复杂性，指事件与诸多变量有直接或间接的联系，从而难以清晰、全面地分析事件并预测结果。

4. 模糊性，指事件的因果关系不清晰或是没有可以参考的先例。

随着科技的快速发展，社会环境的变化越来越快，而且变化的方向又有诸多的不确定性，从而使人类对事物的认知更加复杂和不清楚，对未来的预测和掌控也变得更加困难。

二、什么是成长型思维

如何在不确定性强的时代增强掌控性？积极心理学认为，建立成长型思维至关重要。成长型思维是一种积极的思维模式，以这样的思维推动自己持续成长和改善，从而拥有适应变化的能力。

斯坦福大学教授卡罗尔·德韦克在1978年做过一个经典的研究实验：她找来一群孩子，去完成一系列难度递增的智力拼图。第一种孩子，多次尝试没有成果后，就开始怀疑并责怪自己，"我越来越迷茫了""怪我的记性一直都不好"。当拼图的难度逐渐提高的时候，他们说"现在一点都不好玩"。最后，这些孩子终于坚持不下去而放弃了。

而第二种孩子的表现则完全相反，他们不仅可以坦然接受失败，甚至非常喜欢一次次的受挫。当拼图变得越来越难，他们反而劲头更足，"我喜欢接受挑战""题目越来越难，我要更加努力尝试"。他们还会给自己非常积极的心理暗示，"就差一点点了，我马上就能拼出来了""刚刚我已经成功拼出来过，这次一定也能成功"。卡罗尔·德韦克认为不同的思维模式蕴含着不同方向的能量，拥有成长型思维的人，往往更容易取得成功。

成长型思维是相对于固定型思维而言的，其思维差异表现在：

1.如何看待变化及挑战。

成长型思维模式的人认为变化是常态，喜欢变化带来的新鲜感，以积极的心态迎接变化；能够勇敢地面对各种挑战，认为挑战可以激发潜能，哪怕挑战失败了，也接受失败，认为可以通过失败来获得新的学习和成长；而固定型思维模式的人害怕变化，喜欢待在舒适区做自己擅长的事情，环境一旦发生变化，就会非常焦虑，会条件反射地认为自己无法适应变化；很难面对挑战性工作，回避挑战，遇到困难时容易放弃。

2.是否相信在努力中改善境遇。

成长型思维的人坚信能力是不断发展的，通过后天的不断努力，可以让自己的成长有进一步的发展，可以通过自我提升适应不断变化的环境；而固定型思维模式的人则容易将思维固定在某个阶段，不相信逐步的自我改善和提高。例如孩子成绩不好，就认为是没有学习的天赋；三十岁事业不成功，就认为没有上个好大学，但已然没有机会，每日在懊悔中焦虑地度过；五十岁一事无成，就认为做什么都为时已晚，终日无所事事。固定型思维的人不相信一句话：只要开始，就有机会，就不算晚。

3. 如何看待挫折。

成长型思维的人在面对挫折时，能够接受暂时的困境，并有信心通过努力行动克服困难。当听到负面的反馈时，能坦然接受，并相信"有则改之，无则加勉"，愿意从负面评价中提取有益于自己成长的信息，不断完善自己；而固定型思维模式的人在接收到负面评价和反馈时，会觉得倍受打击，自尊心受到伤害，甚至会愤怒和反击，像鸵鸟般停留在对自己的固有认知中不肯改变。

成长型思维和固定型思维对比图

序号	成长型思维	固定型思维
1	世界上没有一成不变的事儿，在适应变化中改变自己，在改变自己中适应变化	人的命天注定，想改变现实太难了
2	每天努力一点，成长一点，改变一点	喜欢按部就班地工作生活，不喜欢挑战自己现有的能力界限
3	遇到困难，想办法克服困难	遇到困难，选择放弃
4	犯了错误，尽管沮丧，但能从错误中得到启发和成长	失败的时候，会感到沮丧，觉得自己一无是处，不想让别人觉得我是个失败者
5	积极地学习想学的东西	要么擅长一件事，要么不会也学不会
6	别人的成功能给我带来启发	别人的成功，会让我感到威胁
7	觉得努力和态度非常重要	我不喜欢听到批评
8	喜欢挑战自我	喜欢舒适安逸没有压力

三、培养成长型思维

1. 成长型思维是可以后天习得的。

科学研究认为，大脑就像肌肉一样，可以通过坚持不懈地锻炼来增强能力。成长型思维不是天生就有的，也不是一夜间形成的。它需要我们在平时的工作生活中，有意识地试着从积极的角度，以成长型思维来看待、解释和思考问题，从而慢慢地形成成长型思维。

2. 观察自己的思维模式。

当职工朋友们了解了成长型思维和固定型思维的区别后，试着观察和分析一下自己的思维习惯和模式，到底自己是更倾向于成长型思维模式，还是更倾向于固定型思维模式。

例如，职工朋友们试着回答下面几个问题：

在这个内卷的时代，躺又躺不平，卷又卷不动，怎么办？

我这个学历又竞争不过别人，可能有升迁的机会吗？

我都这把岁数了，领导每天让我学习，这不可笑吗？

如果职工朋友们这样想：卷又卷不动，躺又躺不平，不如每天学点新东西，以迎接新的变化；既然学历不占优势，那么我不如提高操作技能，或者制订一下提升学历的计划；我岁数大了，但只要开始，就不算晚。那么这是个典型的成长型思维，相信这样的员工也不会轻易被时代所抛弃。

3. 在变化和困难中锻炼思维。

在这个VUCA时代，每天面临着很多的变化，也会遇到很多困难。当这些来临的时候，告诉自己这是锻炼自己成长型思维和成长能力的好机会。试着用积极的成长型思维分析困难，并迅速行动起来，在努力中适应变化。哪怕是小困难、小烦恼，都用成长型思维去历练自己。

第二章　好好工作：游刃有余于职场

很想有所作为，为何事与愿违

很多职工朋友们有这样的烦恼：特别想好好工作、好好表现、好好发展，但有时候却事与愿违，强烈的动机和努力的付出未必有好的效果。有的职工朋友说：我每次给领导汇报工作之前，都特别想利用这个机会好好表现，所以会做大量的、充分的准备，希望给领导留下深刻的印象，可每次见到领导就紧张，根本发挥不出来我该有的水平，非常苦恼。还有的职工说：我给自己定的目标是30岁之前当上中层干部，于是工作中特别努力，业余时间还提高学历，抓住一切机会表现自己的长处，也特别注意和同事搞好关系，但每次绩效测评都没有理想的分数，我特别愤怒。这样的案例还有很多很多。

这样的职工该如何调整心态呢？

一、动机与效率的关系

我特别想好好表现自己，得到领导的赏识；或者特别想当领导，有好的职业发展等，这些是职工朋友们努力工作的动机。是不是动机越强，工作效率就越高，效果就越好呢？心理学研究发现，答案是否定的。

1908年，心理学家耶克斯和多德森提出著名的"动机适度"理论，又称耶克斯-多德森定律。这一理论认为：动机强度与工作效率之间并不是一种线性关系，而是倒U形曲线关系。中等强度的动机最有利于任务的完成，即动机强度处于中等水平时，工作效率最高，如果动机水平不够，效率较低，正所谓无欲无求，则无所收获；但如果动机水平过高，超过某个最佳水平，工作效率也会下降，又可谓欲速则不达。因此，我们的各种活动都存在一个最佳的动机水平，动机不足或过分强烈都会使工作效率下降。研究还发现，动机的最佳水平随任务性质的不同而不同。在比较容易的任务中，工作效率随动机的提高而上升；随着任务难度的增加，动机的最佳水平有逐渐下降的趋势，也就是说，在难度较大的任务中，较低的动机水平有利于任务的完成。

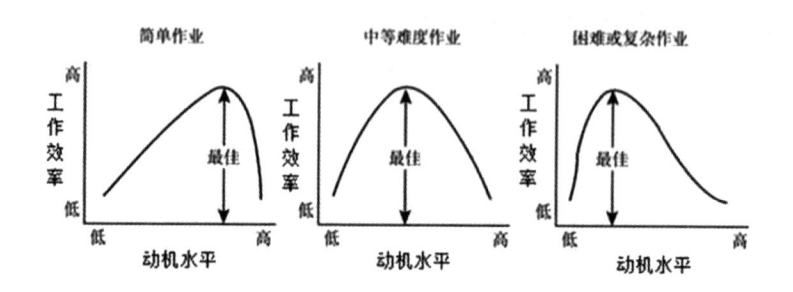

二、为什么会欲速则不达

1. 动机过强带来压力。

如果动机过强，太想得到某个结果，这种过于执着的心理会带给自己很大的压力，甚至让自己焦虑，长期在压力和焦虑下工作，心理稳定性变差，容易失去耐心；注意力会分散，工作效率下降；甚至身体状况越来越不好，无法支撑到最终结局，正可谓"赢在了起跑线，却在中途黯然退场"。例如，很多职工特别想进步，想升迁，由于动机过于强烈，每当有同事被提拔而自己得不到提拔时，内心都会受到冲击，烦恼郁闷很长时间，以至于根本无法安心研究工作，这种状态只能让职工朋友离职业发展的目标越来越远。

2. 动机过程可能让自己的认知变得狭窄，思维变得僵化。

在实现目标的过程中，有许多的环境需要适应，有许多的变化需要调整，有许多的新知识、新技能需要学习更新。但是过于强烈的动机，过于执着的心态，容易让我们固定于目标和结果，忘记自己的真实感受，最终让自己变得麻木和失落。因此，我们需要适度的动机，以及理性平和的心态，这种心态既有利于全身心投入工作，还有利于从工作中抽离出来，分析判断周遭的形势与环境，及时做出适度的调整；也有利于时常反思自己内心的需要和愿望，避免让自己被过于强烈的动机所驱动。例如，还是那位特别想升迁的职工，因为目标动机过于强烈，所有的注意力都关注在自己如何表现上，却忽略了功利的行为可能会让同事和领导们反感，那可真的是欲速则不达了。

3.动机过强容易让我们迷失方向，甚至走向错误的道路。

当被金钱、权力或者虚荣心驱动时，我们很容易失去理智和判断能力，为达到自己的目的而不顾一切。由于太想实现某个目标，得到某个结果，为了达到目的，甚至会采取过激的、铤而走险的方式，最后酿成不良后果。

三、拥有适度的动机

1.拥有正确的动机。

人的动机是很复杂的，它以需要为基础，如职工朋友们特别努力地工作，其动机可能是想升职加薪；也想展现自己的工作能力，获得成就感；也想让家人、朋友、同事看得起自己，满足自尊的需要等；同时还受价值观的影响，价值观调节动机的方向。例如，同样是读书，有的人是为了当官发财，而周恩来则是"为中华之崛起而读书"，动机的方向不同，其行为方向也不同，行为结果自然就不同。因此，职工朋友们要时时以正确的价值观调整自己的动机，让动机保持正确的方向。

2.按自己的内部动机去做事。

心理学认为，人的动机分为内部动机和外部动机。如果我们能按照内部动机去行动，我们会很享受这个过程。如果不能遵从自己的内心，一直被外部动机驱使，就会被外部因素所左右，从而限制自己，被外部因素所控制。例如同样是想升迁，如果是想发挥自己的能力，获得成就感，工作的过程中就会不断探索，从每次成绩中收获喜悦，升迁只是过程的结果，是平时努力的水到渠成；但如果始终被升迁这个外部动机所左右，可能过程就会比较痛苦，甚至迷失方向。

3.适时调整自己的动机水平。

如果动机不足，会让我们对某件事情提不起兴趣，这时候就需要给自己一个新的更高的目标，给自己一点压力，给自己一些强的动机；如果渴望的程度过于强烈，动机水平过高，做事变得紧张、焦虑、思维局促，甚至影响正常的工作，那么适度地调整自己的目标和方向，降低自己的动机水平，我们的各种活动都需要有一个最佳的动机水平。

职业选择：从四个角度评估

有些职工朋友们迷惘于职业的选择：该不该跳槽呢？该往哪个方向发展呢？小伙伴申请调任市场销售岗位了，我该怎么办呢？我如何说服自己安心地做技术工作，等等。

心理学认为，自我的价值观、兴趣、个性及能力对于职业发展起着非常重要的作用，在职业选择和发展的过程中，职工朋友们可以通过四个角度做自我评估，从而了解自己更适合怎样的工作。

一、职业目标评估

厘清职业价值追求能够帮助我们克服职业发展中的迷惘和困惑，对照以下11项，看自己最看重的目标是哪几个，按重要程度排序。

1. 收入与财富，也就是说工作的目标和动力就是追求收入和财富，以此来改善生活质量，显示自身价值。

2. 兴趣特长，最看重的是从工作中得到乐趣、得到成就感。

3. 权力地位，有较高的权力欲望，希望能够影响或控制他人，从中可以得到较强的成就感和满足感。

4. 自由独立，弹性工作，不想受太多的约束，可以掌握自己的时间和行动。

5. 自我成长，在工作中能够得到培训和锻炼的机会，丰富和提高自己的经验与阅历。

6. 自我实现，工作中有平台和机会，使自己的专业和能力得以全面运用和施展，实现自身价值。

7. 人际关系，对工作氛围有较高的要求，渴望能够在一个和谐、友好甚至被激励、被关爱的环境中工作。

8. 身心健康，工作不要过于危险、过度劳累，不会因工作而焦虑、紧张和恐惧，自己的身心健康不受影响。

9. 工作环境，工作环境舒适宜人。

10. 工作稳定，工作相对稳定，不必担心经常出现裁员和辞退现象，不用经常奔波找工作。

11. 工作创新，工作中能不断创新，发挥自己的主观能动性，不单调枯燥。

二、职业兴趣评估

美国斯坦福大学的爱德华·斯特朗教授认为，兴趣能够给人们带来意想不到的效果，从事有兴趣的职业，更能提升职业发展的内趋力，提升职业能力，并获得职业成就。

根据美国心理学家约翰·霍兰德的万花筒（RIASEC）理论，你对以下六种职业兴趣中哪一项更感兴趣呢？

1. 实务型职业兴趣：愿意做一些任务明确的实事，如自然与农业、计算机硬件、机械与建筑等。

2. 研究型职业兴趣：喜欢讲科学性，愿意搞研究，如科学、数学、医学、研究等。

3. 艺术型职业兴趣：追求表现有创造性和个性的工作环境，如表演、设计等。

4. 社会活动型职业兴趣：更多地关注人文的、个人的价值倾向，并擅长处理人际关系，如社会科学、人力资源管理、教师等。

5. 创业进取型职业兴趣：愿意在组织中充当组织者，进行管理，如企业家、销售人员、管理者、政治领袖等。

6. 循规蹈矩型职业兴趣：喜欢传统型细节性的工作，如办公室文员、会计、税务人员等。

三、职业性格评估

人的性格千差万别，或热情外向、或羞怯内向、或沉着冷静、或火爆急躁。职业心理学的研究表明，不同的职业有不同的性格要求。虽然每个人的性格都不能百分之百地适合某项职业，但却可以根据自己的职业倾向来培养、发展相应的职业性格。不同性格特征的人员，对企业而言，决定了每个员工的工作岗位和工作业绩；对个人而言，决定着自己的事业能否成功。

有学者提出四大类型的个性，包括：

1. 外向型，渴望人与人之间的交流、合作与竞争，愿意去影响别人。

2. 附和型，讨人喜欢、善良、谦恭，这类个性的人容易合作，关心他人并乐于助人。

3. 情绪稳定型，指凡事不温不火、不偏不倚。

4. 闯荡型，指富有想象力、创造力和洞察力，宁肯在复杂多变的环境中闯荡，也不愿在轻车熟路、安安稳稳中度过。

四、职业能力评估

职业能力是指胜任某项工作所必需的知识和技能，具备一定的职业能力，是做好工作的必要前提，当然在工作中也要不断提升职业能力，以促进职业的更好发展。清晰地认识自己的职业能力，能够帮助我们制定良好的技能提升规划，实现职业能力的不断提升。

通常来说，需要从三个方面评估和判断职业能力：

1. 一般职业能力：主要是指一般的学习能力、文字和语言运用能力、逻辑推理及判断能力、人际交往能力、团队协作能力、环境的适应能力，以及遇到挫折时良好的心理承受能力等。

2. 专业能力：主要是指从事某一职业的专业能力，例如教学工作岗位，就要具备较强的学习能力、语言表达能力；秘书岗位，就要具备良好的沟通协调能力、文书写作能力、时间管理能力，等等。

3. 职业综合能力：包括跨职业的专业能力、掌握制订工作计划、独立决策和实施的能力、自我评价能力和接受他人评价的承受力以及社会交往能力等。

我们首先要明确自己的能力优势，并不断地发扬和提升优势能力，使自己成为一个某方面突出的人才；其次，职业能力是在实践的基础上得到发展和提高的，在工作的同时要注意总结、积累和学习，促使我们的能力向高度专业化发展；最后，通过教育培训促进职业能力的提高，例如，通过职业教育、专科教育、大学本科教育、研究生教育等，增强自己的综合能力，促进我们在职业发展中的创造力，不断提升职业绩效，提升职业成就感。

关于记忆的知识：帮你高效工作与生活

记忆是人脑对过去经验的反映，是信息在脑中识记、储存和提取的过程。记忆很重要，因为它是思维、想象等高级心理活动的基础，我们思考问题、解决问题、创新甚至发明的能力通常都要基于记忆。

关于记忆的研究一直是心理学领域中非常重要的内容，科学研究发现记忆过程是有规律的，遵循这个规律，可以提高记忆效率，达到事半功倍的效果。

记忆的过程分为三个阶段：

一、识记阶段

即信息在中枢神经系统留下痕迹的过程。识记的效率取决于意识水平和注意力是否集中。想想看，精力充沛、注意力集中地去记忆一篇文章与精力疲乏、精神分散地去记忆一篇文章，抑或是不用心地用眼扫视一篇文章相比，哪种情况下记忆更深刻呢？那肯定是有意识地记忆更有效果。

关于这一点，有一个特别有趣的实验。美国网络平台 Signs 让大众做过一项有趣的 "Branded in Memory"（商标记忆）实验，邀请共 156 位年龄层在 20 岁至 70 岁的美国人，在没有任何提示的情况下画出 10 个经典品牌的 Logo，是大家非常熟悉的品牌。但测试结果十分有趣，平均只有 16% 的人能画出近乎完美的 Logo，另外有 37% 的人画得相对接近，而大部分人都画不准确。

为什么会这样呢？借用大侦探福尔摩斯的话："你是在看，而我是在观察。"因此，在记忆的过程中，如果没有有意识地、集中注意力地去观察和识记，我们以为记住了，实际上记忆是会骗人的，记忆的效果大打折扣。

二、保存阶段

即识别了的信息，能在大脑中保存多长的时间。根据记忆的时间长短，心理学将记忆分为三类：一是瞬时记忆，信息的存储时间是 0.25 秒~2 秒，也称感觉记忆。瞬时记忆时间极短，大量的、被注意到的信息很容易消失，能够记住的东西便进入短时记忆。二是短时记忆，信息的保持时间大约是 5 秒~2 分钟，短时记忆是长时记忆的基础，短时记忆的内容如果不及时加以重复，就会被遗忘，如果在消失之前加以复习，就会转为长时记忆。三是长时记忆，信息的存储时间在 1 分钟以上直至伴随人的终身，长时记忆的容量是无限的，信息是以有组织的状态被储存起来的。因此，将瞬时记忆变成短时记忆，再将短时记忆变成长时记忆是记忆的关键。

如何才能实现呢？

心理学家艾宾浩斯曾提出记忆曲线理论，指出遗忘的规律。德国心理学家艾宾浩斯研究发现，遗忘在学习之后立即开始，而且遗忘的进程并不是均匀的。最初遗忘的速度很快，以后逐渐缓慢。输入的信息在经过人的注意过程的学习后，便成为人的短时记忆，但是如果不经过及时的复习，这些记住过的东西就会遗忘，而经过了及时复习，这些短时记忆就会成为人的一种长时记忆，从而能在大脑中保存很长的时间。因此，及时复习是克服遗忘、延长记忆时间、提高记忆效率的重要方法。

记忆时间间隔与记忆量

时间间隔	记忆量
刚记完	100%
20 分钟后	58.2%
1 小时后	44.2%
8~9 小时后	35.8%
1 天后	33.7%
2 天后	27.8%

续 表

时间间隔	记忆量
6天后	25.4%

图表数据来自百度百科。

三、再现阶段

即从大脑中提取知识经验的过程。这个阶段有两种情况：一种情况是回忆，例如每天上班出门走哪条路、如何开车、往哪里去、到哪儿停车等，大脑都会从记忆中提取信息，帮助我们完成想做的事情。另一种情况是识记过的材料不能回忆，但在它重现时却能有一种熟悉感，并能确认是自己接触过的材料，这个过程叫再认。就如曾经见过一个人，过后就忘记了，但再见到的时候有一种熟悉感。因此，如果我们纠结于读过的书会忘记，还要不要读？这一理论就告诉我们，我们曾经用心读过的书都不白读，也许哪天再见到时，至少还有熟悉感。

以上是记忆的三个阶段，我们再复盘一下，到底如何才能提高记忆效率呢？第一，有意识地、注意力集中地去观察和识记要记忆的信息与材料，不能走马观花、熟视无睹或者是有眼无心；第二，及时复盘，经常练习，不断回味，也叫知识反刍，不能指望一记到永久；第三，勤写勤整理，好记性不如烂笔头，写的过程中，调动了注意力和情绪，因此记忆会深刻；同时及时将信息进行整理分类，也便于信息的记忆。

关于记忆的知识，还有一点值得一提，我们总是希望记忆力好，但其实，忘却也是有意义和价值的。

研究者们认为，如果一个人对某次事件的所有细节都记得一清二楚，比如被狗攻击的整个过程全部记忆清晰：什么时间，什么地点，狗长什么样子，耳朵、嘴巴、尾巴什么特点，什么事引起狗叫，叫了几声，何时开始咬人，怎么咬的，狗主人衣服的样子，太阳照射的强度，等等。如果是这样，可能产生两种结果：一是发展出强迫倾向，无法从经历的事件中脱身，总是希望将事情的所有细节都搞清楚；二是记忆的旁枝末节过多，难以抽出事件的本质，抓不住事物的主旨，不利于事件的处理。

　　因此，该忘却的就忘了吧，不该忘但忘了的也无妨，现在开始运用科学的方法，一切都来得及。

问题解决：该拥有的一项硬核能力

人生就是解决一系列问题的过程。俗话说：刀在石上磨，人在事上练。在解决一个个人生难题的过程中，认知和思维得以升华，意志得到磨炼，经验逐步积累，生活适应能力越来越强。

问题解决不光靠决心和勇气，它还是一种能力。心理学认为，问题解决过程是由一定的情景引起的，按照一定的目标，应用各种认知活动、技能等，经过一系列的思维操作，使问题得以解决。在解决问题的过程中，心理和思维起着非常重要的作用。

一、影响问题解决的因素

1. 专业知识。

具有专业知识的人比缺乏专业知识的人更容易解决问题，因为掌握的知识结构和内容充分，会使专业人员更容易理解问题，更容易分析问题并进行归类比较，更容易组织记忆，从而找到好的解决方法。心理学研究表明：没有一定专业知识积累的人，通常根据问题的表面结构特征进行分类，而具有专业知识的人，则根据问题的深层结构进行分类。因此，一个人所掌握的知识经验、策略方法及技能等都能为问题的解决明确方向、选择途径和方法。职工朋友们如果想成为生活中的问题解决专家和工作中的技术能手，有意识地学习和积累专业知识是前提。

2. 心理定势。

心理定势就是在过去的实践经验中形成的既有认知、情感或思维模式。有的时候，思维定势会进入人的潜意识，无形中影响着人的心理和行为。心理定势有一定的积极作用,它可以帮助我们较快速地、熟练地认知和解决某些问题,节省很多的时间和精力;但同时也会束缚我们的思维,使我们的认知和思维固着在旧有的经验中,妨碍问题的解决。

有这样一个著名的试验:把六只蜜蜂和同样多的苍蝇装进一个玻璃瓶中,然后将瓶子平放,让瓶底朝着窗户。结果蜜蜂不停地想在瓶底上找到出口,一直到它们力竭而死或饿死;而苍蝇则会在不到两分钟之内,穿过另一端的瓶口逃逸出去。因为蜜蜂基于出口就在光亮处的思维定势,不停地重复着这种看似合乎逻辑的行为。正是这种思维定势,它们才没能走出囚室。

思维定势的负面作用表现在:当一个问题的条件发生质的变化时,思维定势会使解题者墨守成规,难以涌出新思维,作出新决策,造成知识和经验的负迁移。有学者认为世界观、生活环境和知识背景都会影响到人们对事对物的态度和思维方式,不过最重要的影响因素是过去的经验。因此,当很多问题多次尝试而不得解的时候,不妨换个角度、换个理念、换个思路、换个方式,跳出现有的心理和思维模式再去尝试。

3.动机和情绪。

遇到难题时,有的人理性而积极,会运用多种资源,甚至创造条件促进问题的解决,哪怕不能全部解决,至少得以改善也是好的;而有的人则选择逃避,绕着问题走,惹不起就躲着来;还有的人习惯抱怨、指责、埋怨,觉得问题无法解决,自己遭受不公平对待。不同的动机和情绪状态,决定着问题解决的结果。

我曾经碰到一个网约车司机,打车的全程都在听师傅抱怨收入太少,埋怨电价太高(新能源电车),份钱太高,平台分配乘客不公平,受新冠肺炎疫情影响乘客减少,等等。我问师傅为何不换个工作,师傅说找不到更好的工作,又埋怨就业形势不好。我也受师傅影响,心情很糟糕。返程的时候,我又打了一辆车,便有意识地询问师傅的收入情况,这个师傅的心态完全不一样。我很好奇地深入询问,每问一点,师傅都有对策。我说电价是不是太高,师傅说晚上充电会便宜很多,他都是晚上收车后再充电;我又问份钱是不是太高,师傅说自己想办法借钱买了一辆车，用自己的车入平台，份钱就少很多；我又问平台是否推单有薄有厚，师傅说他入了好几个平台，不指着某一个平台；我又问现在就业形势不好，你是否只能开网约车，师傅说干这个更合适更划算。我很感慨，遇到问题时，调动积极的动机和情绪，答案总比问题多。

4. 直觉。

不带情绪的理性思考非常有利于问题的解决，但很多时候，直觉同样非常重要。乔布斯在著名的《斯坦福演讲》中讲道：我跟随好奇心和直觉所做的事情，事后证明大多数都是极其珍贵的经验。也有研究指出：那些高层执行者需要比别人更多地应用直觉，因为他们需要看到更宽广的全局，也需要更长远地考虑问题。

人的直觉是怎样形成的呢？首先需要有广博的知识和丰富的生活经验。直觉的产生绝不是无缘无故、毫无根据的猜想，它是凭借已有的知识和经验才得以出现的；其次，直觉充分运用了人的感受力，正如乔布斯所说"听从内心的声音"；最后，注重培养自己的观察力和洞察力，观察力敏锐的人，其直觉的准确率更高，直抵事物本质的效果更强。

二、问题解决的过程

问题解决通常分四个阶段：

1. 发现问题。

有时候，发现问题比解决问题更重要，觉察到有问题了，就意味改变和解决问题的开始。心理学认为：我们生活的世界每时每刻都存在各种各样的矛盾，当某些矛盾反映到意识中时，个体才发现它是个问题，并设法解决它。所以，要想提高解决问题的能力，提升创新能力，就从发现问题开始。

2. 分析问题。

要解决所发现的问题，必须明确问题的性质，也就是弄清楚问题的主要矛盾，准确地分析出制约问题解决的核心原因，能极大地促进问题的解决。有时候，找到了问题的所在和根源，哪怕一时解决不了，至少会向解决的路上迈进。

3. 提出假设。

在分析问题的基础上，提出解决该问题的假设，也就是可采用的解决方案，如采取什么原则、具体的途径和方法、需要具备什么条件、分几步实施等。详细合理的假设是解决问题的关键，正确的假设可以引导问题顺利得到解决，不正确不恰当的假设则使问题的解决走弯路或导向歧途。

4. 检验假设。

好的解决方案固然重要，行动起来更为重要，所以解决问题的最后一步是对假设进行检验。也就是按假定方案实施，一步一步，最后证明假设正确，同时问题也得到解决。在检验假设的过程中，可能随时要对假设进行修正，但只要方向正确，问题还是会逐步得到解决的。

需求层次理论，助你成为更好的管理者

美国著名的管理学大师德鲁克曾说："领导力不是头衔、特权、职位和金钱，而是责任。这个责任除了承担应该承担的工作职责外，还有管理和激发团队员工的责任。"

管理工作既是科学，也是艺术，有其微妙之处，仅通过批评、奖惩、制度等硬手段往往起不到那么好的效果。管理者还需要懂点"人性"，管理人心，员工的内驱力比发奖金等外部激励更有效果。

马斯洛是美国的人本主义心理学家，20世纪40年代，他提出了著名的需求层次理论，这一理论又被称为心理学的激励理论，对于管理工作有着非常重要的指导意义和价值。

马斯洛认为人有着与生俱来的内在需求，大致可以分为五个层次：生理的需求、安全的需求、社交的需求、尊重的需求和自我实现的需求。这五个层次按不同的强度排列，由低到高，循序渐进，层层递进，每当低层次的需求得到满足后，就会有高一层次的需求产生。

了解员工的需求为什么很重要呢？因为心理学认为：需求产生动机，当人的需求得不到满足时，内心就会失去平衡，就会痛苦，会想办法去满足需求，以达到内心的平衡，这便是行为动机。但是由动机到真正实施行为，还需具备两个条件：一是动机足够强烈，二是行动的条件。因此，管理者若能将工作与员工的需求相结合，激发其动机，并提供行动的条件，员工就会有强烈的工作内驱力。

一、生理需求：最基本的生存需要

食物、水分、空气、睡眠、性等是保障人基本生存和生活的需要，是需求层次中最底层的需求，也是最重要、最直接、最强烈的需求。如果最基本的生存需求得不到满足，道德、规范等都可能会失去作用。因此，首先考虑给予员工与其职位相匹配的工资和收入，通过提高工资和福利待遇等来激发员工的积极性；其次，考虑改善劳动条件、给予更多的业余时间，以保障员工的身体健康、体力和精力充沛，以提高工作效率。

二、安全需求：免除恐惧和焦虑

安全需求是基于生理需求之上的第二层次的需要。人类漫长的进化史，无不是与天斗、与地斗、与人斗从而获得安全感的历史，因此，对于安全的渴求与恐惧是刻在基因里的。有了安全感，人们方能专注于所从事的工作，能将更多的情感和技术运用于工作创新。如若没有安全感，人们便会产生恐惧和焦虑，大量的情绪和精力耗竭在如何应对随时而来的危机和不确定性中，工作效率和工作创新都无从谈起。

安全的需求首先表现在工作的稳定性，即有着稳定、安全、可持续的职业发展环境。一定的流动率会给企业发展带来活力，但过高的职业流动率，尤其是"被流动"，则会增强员工的危机感，破坏安全感，不利于企业的持续发展。

安全的需求还表现在员工能得到保护，不受威胁。例如，安全生产和劳动保护工作很到位，员工的生命不受威胁；职业健康条件持续改善，不受职业病的困扰；管理人员实施以人为本的管理方式，不受权力或言语的威胁等。

安全的需求还表现在秩序感。例如，企业的发展规范而有秩序，员工清晰如何做、做什么、怎么做等，有节奏的工作、生活方式会带来安全感；企业有相对清晰的发展规划和意愿，增强对未来的信心，也会给员工安全感。

三、社交需求：团队凝聚力弥足珍贵

人是社会性动物，每个人都有社会交往的需求，都强烈地渴望归属于某个组织和团队，都渴望友谊和爱，渴望交流和沟通，当员工对组织有归属感，能融入团队，得到接纳、友谊和支持，员工就会有幸福感，积极愉快地工作，团队氛围和谐；当有员工被团队冷落、孤立甚至排斥时，就容易产生强烈的自卑感和挫败感，出现愤怒和报复的心理，甚至会出现心理问题和疾病。因此，营造良好的团队氛围是管理者非常重要的职责。

因此，定期的团建活动很有必要。有效的团建活动可以达到三个目标：一是增强员工之间的信任感，传递相互接纳和信任的理念；二是鼓励员工敞开心扉，释放情绪；三是促进员工之间的沟通和交流，增进了解，增强联结。团建活动的方式有很多，如拓展训练、文体活动、团队聚餐、兴趣俱乐部、团体成长小组等。

四、尊重的需求：被看见是内心的小宇宙

马斯洛认为每个人都有自尊和被尊重的需求，哪怕是最普通、最基层的员工，都希望被看见、被认可、被肯定。尊重让员工抛却自卑，产生自信，认识到自己的价值和意义，从而激发内心的热情和力量，这犹如内心的小宇宙被点燃，爆发出极大的动力，激励着员工持续进步和改善。相反地，如果得不到认可和尊重，自尊心和自信心受到伤害，员工感到压抑和忧郁，就会失去持续向好的信念和动力。

作为管理者，能看到员工工作中表现出的优点、优势和成绩，会用积极的语言表达肯定和赞美，善于反馈员工的不足并给予其成长进步的指导和建议，这便是员工心目中最好的领导。

新冠肺炎疫情防控期间，单位门口的保安承担着测温和检查出入人员的职责。一天早晨，上班路过门口时，我向保安微笑问好，并对他们说：你们真的很辛苦，但你们是我们大院的安全卫士，你们严防把守，我们就安全了。从此以后，每当我路过门口时，保安都会远远地向我招手问候，能看得出来，他们的微笑是出自内心的，因为他们的工作被看见和认可了。

五、自我实现：每个人都独一无二

马斯洛认为：每个人都有自我实现的需求，都希望在工作中体现自己的价值，获得成就感和意义感，这是人的高级精神需求，能赋予人以极大的精神力量。革命战争年代，无数革命烈士抛头颅洒热血，不惧危险和死亡，毅然参加革命工作，这种坚定的信念源于认识到了工作的崇高价值和意义。一位当年参加长征的革命前辈讲道：刚参军时，没有别的想法，就是因为军队能吃饱肚子。后来接受党的教育，认识到革命战争是为了全国人民的解放和幸福，崇高的信念才坚定了起来。

在经济社会发展的大局中，每个组织都有自己的定位和使命，都是推动国家发展的重要因素。作为管理者要有崇高的使命感和价值感，要能理解和认同企业的核心价值观；每份普通的工作都有意义和价值，管理者要帮助员工认识和认同工作的使命感。一个普通的办公室助理一度非常苦恼，觉得自己的工作每天就是整理各部门上报的材料，制作成表格后上报经理，极其枯燥乏味并且没有发展空间。但当经理告诉她因为她整理的材料信息完整及时，表格制作得又直观准确，大大提高了部门的决策效率。于是助理在现有表格的基础上，又增加了同比和环比表格，并且收集整理了最新的行业信息，一并上报，工作成果惊艳了经理，助理也得到了成长和进步。

工作幸福感：来自心流状态

可能有的职工朋友们会问：工作还会有幸福感吗？我只觉得放假不工作才有幸福感，一想到上班，就感觉到无比焦虑和头疼。

著名的精神分析心理学家弗洛伊德说：快乐的秘诀是工作和爱。美国积极心理学家米哈里·契克森米哈赖出版了一本书《心流》，作者在书中写道："心流的状态是一种无比美妙的幸福感。"作者通过研究还发现，54%的心流状况是发生在工作当中的，只有18%的心流状况发生在休闲当中。可见，工作对于我们每个人的意义和作用还是很大的，如果能找到工作中的心流状态，就能体验到工作带来的幸福感。

一、心流带来工作幸福感

什么是心流呢？就是当我们沉浸在所做的某件事情或某个目标中时，全神贯注、全情投入并享受其中的精神状态。这是一种最优体验，当我们处于一种高度专注的状态，享受其中的乐趣，达到忘我的状态，就会有一种幸福感和愉悦感，这便是心流状态。

举个例子：爱因斯坦在写给孩子的一封信中说道："当你沉醉于做某件事情的时候，你甚至都没有留意到时间的流逝。我有的时候过于埋头工作，竟然忘记了午餐。"这种沉浸其中的状态便是心流体验。

积极心理学家米哈里认为：幸福是源自我们内心的秩序，当我们沉浸在当下的工作时，全神贯注、全情投入并享受其中的感觉是一种最优体验，在这种状态下，工作带给我们平静充实，而不是压力和烦恼。因此，心流状态是提升幸福感的一种重要途径，经常进入心流状态的人幸福感会更强烈；而幸福感强的人又会很容易进入心流状态。所谓幸福，即是你全身心投入一桩事物，达到忘我的程度，并由此获得内心秩序和安宁时的状态。

米哈里还认为：当我们足够忘我，处于一种高度专注的状态，感觉自己能够控制一切，具有掌控感时，就会有一种幸福感和愉悦感。例如，庖丁解牛的故事，庖丁为文惠君解牛，手之所触，肩之所倚，足之所履，膝之所踦，砉然向然，奏刀騞然，莫不中音。合于《桑林》之舞，乃中《经首》之会。这种游刃有余的样子，使庖丁非常享受这一工作。

二、心流的特征

米哈里将"心流"体验归纳为七个特征，如果职工朋友们在工作中也能体验到其中的几个，那么您就拥有过心流体验：

1. 沉浸其中。

感觉对自己做的事情充满热情，注意力高度集中，从而沉浸在其中，甚至达到忘我的境界。例如，大工匠在操作工艺的过程中，甚至忘记了周围的环境，完全沉浸其中；陈景润荣任全国政协委员，少不了出席两会，但是他常常逃会，且躲避室友，躲到厕所中思考他的数学问题。

2. 心情愉悦。

在工作的过程中，有愉悦感，愿意从日常现实的琐碎事物中脱离出来，进入愉快的工作环境。例如，有的科研工作者，会从自己专业研究中得到精神的愉悦感，而完全不觉得枯燥；演员或歌手在进入表演状态时，非常投入，并能感受到快乐。

3. 目标清晰。

心流状态也不只追求情绪或感觉的愉悦，它还包含清晰的理性思考，如知道自己在做什么、目标是什么，以及该如何实现等，这些思考会让人们不断进入高的目标境界，持续进入心流状态。沉迷于游戏貌似也是沉浸其中，心情愉悦，但往往只追求感觉的愉快和满足，自己并不知道要从中得到什么，因此沉迷过后往往体验到的是空虚和无聊的情绪。

4. 力所能及。

自己所从事的工作具有一定的挑战性，需要克服困难，付出努力才能达到。但内心始终有掌控感，觉得依靠自己的能力和努力，目标是能够实现的；并且正是在实现挑战的过程中，体验到成就感，体验到快乐和幸福。如果日复一日地从事枯燥的重复性工作，很容易产生倦怠感，但若能在能力范畴内从事有些挑战性的工作，则能激发工作热情。

5. 内心平静。

当进入心流状态时，沉浸于工作中，内心感到很平静，既不波澜壮阔，也不沮丧低落。为什么会有这样的内心体验呢？因为目标纯粹，只是享受工作的状态，而没有太多的功利心，因为不被功利所驱使，内心评判的声音会消失，内心就会平静。举个例子，如果工作中，总想着怎样才能被领导关注到，或者怎样才能不被领导批评，那么整个工作过程中，就会显得心浮气躁，情绪波动很大。如果我们总是在平静的心流状态下工作，工作效率高，工作绩效优，那么被领导关注并肯定和赞扬是结果，而不是途径。

6. 时光飞逝。

由于全身心地投入工作，时间便在不知不觉中飞速流逝，并不觉得时间漫长。例如，很多时候，我们在做自己喜欢做的事情时，会觉得时间飞快，这个时间段的工作并不是负担。如果职工朋友们每天有一段时间是在这样的状态下度过的，可能工作就不会变得那么痛苦了。

7. 内在动力。

只有自发地、愿意投入工作，有内在的动力，才能进入心流状态。如若为完成任务而工作、为交差而工作、为获得奖励或奖金等外在目标而工作，都不太容易进入心流状态。当然，工作中很少有单纯为了内心满足或快乐的情况，但至少要从工作中发现其中的乐趣，发现部分内在动力，才能支撑自己进入心流状态。

三、怎样才能产生心流体验

心理学家米哈里认为：只要我们有意识地去培养和训练，每个人都可以有心流体验。

1.从事具有挑战性的工作。

很多时候，我们不想上班，就是因为工作中有很多难处理的任务，或者是工作内容太重复没有价值感。对于有难度的工作，调整好心态，以心流的状态去处理，可能效率更高，因为心无旁骛，更有利于问题的解决；对于枯燥的重复性工作，不断地给自己定个有挑战性的目标。

2.试着全身心投入工作。

把自己的注意力完全投入工作，而不是分散到其他无关紧要的信息上，当专心做一件事时，就会觉得轻松、自在。要做到这点，管理好自己的情绪非常重要，想要进入心流状态，稳定的情绪是前提。而当我们心中的杂念或顾虑太多，则很难认真聚焦眼前的事。因此，当发现情绪不稳定或思绪较多时，先给自己一些时间调整心态，待情绪稳定、思维清晰再开始做事，这样更容易进入期望的状态。

3.确立明确的目标。

职工朋友们现在就可以给自己定个较清晰的目标，目标不宜太大、太难实现，当然也不能太容易，像无须努力就能达到的这种。心理学研究表明：如果长期处在目标总也没法完成的状态，久而久之，我们会越来越缺乏动机和内驱力，因为一次次的失败会严重打击我们的自信心，以后遇到挑战首先想的就是退却和失败。当然，也需要付出一定的努力才能实现，否则目标没有挑战性，也就无法从中获得成就感。明确任务目标后，将任务目标拆解为小目标，这样做可以让我们完成每一步时都获得反馈，增强信心，即使被中断也能及时重新开始。

4.培养工作的兴趣。

如果是做有兴趣的事情，自然享受这个过程，容易产生心流状态。但职工朋友们肯定会说：我每天做着枯燥、糟心的工作，怎么可能享受这个过程并且爱上它呢？

对于兴趣，有心理学家认为培养兴趣比发现兴趣更靠谱。斯坦福大学心理学家卡罗尔·德韦克（Carol Dweck）在《心理科学》（Psychological Science）期刊上发表了一项实验研究：研究者先给学生们看一个非常有趣的黑洞科普视频，绝大多数学生都为之着迷。然后研究者让学生读一篇很难的黑洞科学文章，于是学生对黑洞刚刚燃起的兴趣迅速下降了。而下降得最多的，就是那些特别相信"寻找兴趣"的人。因此，寻找兴趣的人会误解做成一件事的难度，误以为只要找到感兴趣的领域，就会废寝忘食孜孜不倦，一直处于心流状态中。

　　米哈里在《心流》中没有将兴趣作为达成心流状态的条件，他举了一个流水线上操作工人的例子，流水线上的工作是高度流程化的，每个人以固定的动作处理一个小工序，应该说是毫无兴趣可言。但有个工人一直在研究如何提高他这个工序的效率，包括如何提高自己的熟练度、如何改进操作方法以及不断设置新的挑战目标，他非常享受这个过程，不断地刷新自己创下的纪录，获得了持续的充实感。因此，真正的兴趣应该是"长期深耕以后因能力大幅提升造就的成就感"，成就感会让你产生真正的兴趣。正如心理学家米哈里所说的：快乐还不足以让人生卓越。重点是在做技能提升、有助于我们成长、能发挥我们潜能的事情时获得幸福或充实的体验。

第二章　好好工作：游刃有余于职场

心理学名言

> 精神健康的人，总是努力地工作及爱人。只要能做到这两件事，其它的事就没有什么困难。
>
> ——西格蒙德·弗洛伊德
>
> 一个音乐家必须作曲，一个画家必须画画，一个诗人必须写诗，这样他才能最终做到心平气和。一个人能够成为什么样的人，他就必须成为什么样的人。
>
> —— 埃布尔林罕·马斯洛
>
> 播下一个行动，收获一种习惯；播下一种习惯，收获一种性格；播下一种性格，收获一种命运。
>
> ——威廉·詹姆士

第三章
应对压力：经历风雨见彩虹

关于心理压力，你该知道这些

大部分职工朋友们或多或少面临着来自工作或生活上的压力，学习正确科学地看待压力，可以帮助我们更好地处理压力。

一、压力有来处

心理学认为，压力是由于外部应激事件引起的内心冲突以及伴随而来的强烈情绪体验，也就是说压力是有来源的。如果你感觉到压力大，不妨先静下心来，想想自己的压力到底来自哪里，是什么事引起了这么强烈的心理和情绪感受。

对于广大职工朋友们来说，压力大部分来自四个方面：一是工作压力，包括工作任务重、工作要求高、职业发展瓶颈等；二是生活压力，包括经济压力、父母或子女抚养压力等；三是人际关系压力，包括职场人际关系、家庭成员关系、朋友社会关系等；四是自我压力，包括动机冲突，也就是自己有多个动机、目标、需要，互相之间冲突时带来的压力感，例如又想职务升迁，事业有成，又想工作轻松，陪伴家人，这两者互相冲突所带来的心理压力；还如又想在体制内当行政领导，实现政治理想，又想像企业家或商人一样拥有很多的财富，鱼与熊掌都想要，又得不到，心理冲突。还包括挫折，也就是自己的意志行为受阻而无法实现时感受到的压力感，如婚姻受到父母反对、升迁遇到障碍、投资遭遇失败等。

二、压力有信号

当心理压力过大时，自己的身体、心理、行为等方面会表现出一些信号，这些信号提醒你：该慢下来，调整自己的心理和精神状态了。

身体方面，压力过大会导致头疼，腰背部僵硬或疼痛，胃部不适、疼痛或反酸，身体疲劳乏力，体重突然增加或下降，性欲降低，睡眠质量不好等。

心理方面，一方面出现认知困难，如难以集中注意力，记忆力下降；另一方面情绪不稳定，如容易生气发脾气，焦虑沮丧、情绪低落，感受不到高兴和快乐、内心委屈，遇事就想哭、容易怀疑别人等。

行为上则可能表现为迟缓懒得动，内心着急但行为拖延、不到最后时刻就不想做事，嗜酒嗜烟，容易与人发生冲突或矛盾等。

三、压力有意义

压力就一定不好吗？也不尽然。心理压力一方面带给人们困扰和痛苦，另一方面还带给人积极的意义。其意义表现在两个方面：

第一，压力也是动力。当人们感受到外部事物超过了自身能力，给自身带来危险或威胁时，压力就产生了。心理压力带来的不愉悦感和紧张感迫使人们采取行动消除压力，重获内心的平衡。这一动力帮助我们付出更多的努力，做出更有成就的事情。例如，因为有竞争和考核的压力，我们会不断提升工作技能，做出好的业绩；因为升学的压力，孩子们会努力学习，天天向上。如果没有一定的外部压力，人的潜能就不能得到更充分的发挥，正所谓人无压力轻飘飘。

第二，压力帮助成长。有一个词叫"苦难辉煌"，人经历过千般考验，万般历练后，能获得意想不到的成长和成熟。在应对压力的过程中，学习新的解决问题、应对困难的方法和技能，锻炼自己的心理承受力和心理韧性，拓宽自己的视野和人际范围，发挥自己从前不曾意识到的潜能等，一旦处理好了压力，解决了问题，走出了困境，才发现自己是可以的，这在心理学上被称为自我效能感。较强的自我效能感会提升一个人的信心和勇气，让我们迎接更大的困难和挑战。正可谓不经一番寒彻骨，怎得梅花扑鼻香。

四、压力有限度

压力越大，动力也越大吗？也不尽然。

在心理学上，有一个压力与效率曲线。压力与效率呈倒 U 形关系。也就是说，如果没有压力，则没有动力，没有效率。在到达压力峰值之前，压力与效率是正相关的，即随着压力的增大，动力也越强，效率越高。但压力峰值之后，压力则与效率成反比，压力越大，效率越低，因为压力成了精神负担，损耗着人的心理能力，人因此出现各种疲劳、无力感以及生理、精神或行为问题，而无法高效学习工作。

在压力不足，无所事事的时候，要及时给自己制定目标、设定标准，给自己一点压力；当压力过大的时候，懂得停止脚步，降低标准，短暂地安于现状，调整一下自己的状态，不使自己精神崩溃。但更为关键的，是不断提升自己的"压力峰值"，即提高自己处理压力的能力，提升自己的心理弹性和承受力。

五、压力可管理

压力面前，我们需要调整自己，管理压力。

1. 调整自己。调整自己的认知，知道自己的种种心理、情绪和身体问题是来自巨大的心理压力；知道压力来自哪里，是什么引起的压力；知道压力有时已是客观事实，必须忍痛接受；调整自己的情绪，给自己打气，让自己振作起来，积极应对，不消极回避，不怨天尤人，不一蹶不振，不盲目抵抗；调整自己的行为，让自己尽快从沮丧和痛苦中走出来，采取积极的行为。

2. 管理压力。将压力一一分解，无力处理的部分，暂时搁置；能够处理的部分，勇敢面对；将能够处理的部分制订成一个个的计划，从最容易的地方入手，行动起来；着眼当下，让眼前的事情顺利完成，不念过往，不想未来；一天天稳步走，一件件踏实干，让生活慢慢变好，压力逐渐消失。

面对压力：有人风轻云淡有人情绪崩溃

职工朋友们可能会有疑惑：同样面对压力，有的人能从容应对，风轻云淡，甚至超常发挥；而有的人则会情绪崩溃，痛苦万分，甚至一蹶不振，这中间有什么奥秘呢？

要理解这个问题，得从压力的产生机制来分析。

美国心理学家理查德·拉扎勒斯（Richard S. Lazarus）认为：在人对环境进行评估后，如果觉得以自己的能力和资源不能应对问题，或者很难应对时，就会感到有压力。如果能够轻松应对，就不会构成压力。因此，压力是我们面临的外部要求和自身拥有的心理能力不平衡所产生的。例如，领导要求三天内完成一个项目，如果是自己非常熟悉的领域，且有足够的能力储备，可能这就不是压力；但如果自己不熟悉，对自己的能力评估后觉得根本完不成，立即就会压力巨大。

通常来说，压力的产生要经过四步：

第一步，出现应激事件或某种情境，即压力源。

压力源有外部压力源和内部压力源两大类。外部压力源可能是生活中出现的一些重大变故，如升学无望、就业无门、职称落聘、下岗失业、家人生病、夫妻离异、亲人亡故、自然灾害等，这些事件的发生，会给我们带来巨大的心理创伤，随之产生心理压力。当然，一些日常的烦恼琐事，貌似短期内没有什么伤害，但如果不加以处理，长期的积累也会导致精神压力过大、工作学习负荷过重、经济状况差、职业发展不顺利、人际关系不和谐等，对这些慢性压力也需要给予关注。

内部压力源则是由个体的认知困惑造成的。例如，我想当医生，但父母、家长都希望我当公务员，劝说父母不成，又不甘违背自己的意愿，这种心理冲突带来很大的心理压力；再如有的女职工有外貌焦虑或身材焦虑，对外在评价过度关注引起内心恐慌和焦虑；还有的职工看到同事比自己升迁快，同学比自己挣钱多，社会比较带来的内心失衡和低价值感也会带来压力。

第二步，对压力源进行评估。

面对压力，我们会做个估量，如果觉得面临的事情对自己的伤害和威胁特别大，就会有强烈的压力感；反之，压力感就没有那么强烈。例如，绩效考核的结果决定着我还能否留在这个单位工作，关系着我的饭碗能否端得牢，想想就一身冷汗，压力非常大；孩子中高考影响着孩子的未来发展，没有考上好中学，这辈子就完了，想起这些就无法入睡等。

第三步，对自身的应对资源和能力进行评估。

尽管压力源很有威胁性和伤害性，但如果我有应对的资源和能力，压力感也没有那么强烈；也可能是压力源没有那么大的伤害性，但我一点承受能力都没有，同样也会压力巨大。例如，对于绩效考核，我衡量了一下，觉得经过努力，应该能够达到绩效要求，不至于影响职业发展，压力感也就没有那么强烈了；对于孩子中考问题，如果上重点中学更好，如果上不了，上职业学校学个技能同样有发展。有了退路，压力感就没有那么强烈了。

第四步，压力为何会因人而异。

通过以上分析，相信职工朋友们就能明白：为什么面对压力，有人风轻云淡而有人情绪崩溃呢？

首先，人们对于客观压力的认知和评估是关键。压力源通常是客观的事件和情境，无法改变，但对外部压力源的认知和评估在很大程度上决定了我们感受到的压力大小。莎士比亚曾经说过，事物原本是没有好坏之分的，是思想使得他们有所区分。在压力产生的过程中，我们的主观认知和评估起着非常大的调节作用。例如，同样是新入职的职工，有的员工压力特别大，因为给自己定了非常高的标准，不允许工作失误，需要在短时间内得到领导和同事的认可，每当有点闪失或同事有不好的评价，就会紧张到睡不着。但有的职工能正确地认识到新人会有成长和发展的过程，能够心平气和地接受各种批评和指导，能够乐观正确地看待所犯的错误。

其次，心理承受能力是核心。既然压力是外部压力源与自身心理能力的平衡，那么心理承受能力是问题的核心。所谓心理承受能力就是我们对逆境或困难引起的心理压力和负性情绪的承受与调节能力，包括适应力、容忍力、耐力、战胜力等。心理承受能力强的人，面对困难或逆境会容忍适应，想办法另辟蹊径重新开始，在绝处求生，表现出对挫折极强的心理承受力；而心理承受能力弱的人，则很容易有极强的压力感和焦虑感，甚至对生活丧失信心，产生负面的情绪，从而影响到正常的工作和生活。

今天，压力如影随形，不可避免，职工朋友们都需要调整认知，提升心理承受力，学习与压力共舞。

压力的影响因素：改善自己的心理承受力

职工朋友们一定都想做个洒脱的人、内心强大的人，在困难和挫折面前从容淡定、闲庭信步的人。那么，哪些因素影响着我们的压力感知呢？我们该从哪些方面提升或改善自己的压力承受能力呢？

一、人格类型

20世纪50年代末，美国心脏病学家迈耶·弗里德曼（Meyer Friedman）请人为他候诊室里的家具重新安装皮套。工人们发现，沙发前沿的皮套磨损特别快。这一发现使弗里德曼想到，自己的许多患者在候诊时，好像会经常坐在沙发的前半部分。弗里德曼好奇，是不是心脏病人会表现出独特的行为模式呢？因此，他和瑞·罗森曼医生一起，开始研究行为模式和冠心病之间的联系。通过一系列观察研究和实验，他们最终提出著名的"A型行为模式"和"B型行为模式"理论。

北京回龙观医院精神心理科主任医师孙仕友认为，A型行为的特点表现为：一是脾气暴躁，不善克制，易与人冲突；遇事容易急躁，缺乏耐心；说话快、急，声音响亮，常带爆破音调。二是行为急促，工作速度快；对很多事情的进展速度感到不耐烦；总是试图做两件以上的事情；常因急于考虑做事情而彻夜不眠，甚至半夜起床做事；终日忙忙碌碌，不知道休息和放松，极不情愿地把时间花在日常琐事和娱乐休闲上。三是争强好胜，常常雄心勃勃，目标远大，措施强硬，行为刚毅，只想到奋斗目标，不过多顾忌不良后果，有时甚至独断专行；四是控制欲强，经常把周围的人看作自己的竞争对手，常用自己的想法去度量他人。与人相处常持怀疑态度，对别人的言行加以敌对解释；把外界环境中不利因素比重看得过大，有很强的控制欲。

B型行为的特点则通常表现为：一是谦逊谨慎，不自以为是。二是从容不迫，游刃有余，未感到强烈的压迫感和焦躁感。三是足够自信，但不在别人面前自夸，亦不迫切需要别人的肯定和赞赏。四是不轻易反对和敌视他人。五是心态平和，与世无争，不易为外界事务所扰乱。六是容易放下心理包袱，主动调整心态，不偏执、不自虐。

健康心理学认为：人格决定健康，人格完善的人，气度大，善于认识自己的情绪，控制自己的情绪。因此，A型行为模式的职工朋友们要善于调整自己的认知结构和心理状态，有意识地调整行为模式，该进则进，该退能退，让心理更有弹性，减轻压力对健康的影响和伤害。

二、认知方式

认知方式会影响我们对一个压力事件的解释、归因和评价，也会影响自己所具有的应对资源的评估，当我们把压力的威胁性估计过高，而把自己的能力和资源估计得过低，那么压力感就会增强。

有位职工朋友说：我就是一个只想领2000块钱工资混日子的小菜鸟，却被架在了销售的位置上，硬着头皮咬着牙在坚持做事。来到现在的公司，已经一年半了，这样的公司完全是靠业绩说话的。其实我的水平很一般，谈判没有什么技巧，营销也没有什么方法，而且我是一根筋，脑子里没有那么多弯弯绕绕，所以现在的工作一直让我觉得很有压力。我的领导和我领导的领导都是事业心很重的人，工作能力也很出色，我很佩服这样的人，每次他们鼓励我拖着我往前走时，我的压力就更大了。也考虑过是否换个工作，但是合适的工作少之又少，不敢轻易辞职，又调节不了自己的心态。请给点建议吧。[①]

这位职工为什么压力大呢？因为其岗位需要的能力与职工的自我定位之间产生了冲突。职工认为这个工作是一个销售岗位，是凭业绩说话的，需要谈判技巧，需要营销方法；但其自我定位是一个只想领2000块钱混日子的小菜

---

① 经济观察网：韩明丽，2022年4月21日。

鸟，水平很一般，谈判没技巧，营销没方法。

但职工的这些自我评价大多是对自己的主观限定，到一个新岗位，个人能力不足或者不能满足岗位需要也是很正常的事情。如果能从积极的角度去解释和思考：既然能力暂时不足，那就去补足短板，谈判技巧和营销方法不在行，就去读相关的书或在网上找相关的学习资料学习并在工作中努力实践，谁不是从职场菜鸟成长起来的呢？只要不断提升自己，总是会有所提升的，何况领导那么肯帮助我。如此想，工作中的压力也就变成了动力。

美国斯坦福大学心理学教授凯利·麦格尼格尔在《自控力，和压力做朋友》一书中指出：压力对于个人适应困难处境，基本都是正向影响。但是人们一直认为压力有害，其实正是由于"压力有害"的观点导致人们对压力厌恶甚至恐慌，进而造成了压力管理的失效。也就是说，有时候压力感比压力更可怕。面对压力，职工朋友们不妨从积极的认知角度去分析、解释和寻找办法。

三、社会支持

如果说在这个快速变化的时代，心理压力在所难免，那么建立良好的社会支持系统，是我们提升压力、应对能力的重要部分。

社会支持是指个体拥有的多方的社会关系，包括亲友、同事、家庭、团体组织等为之提供的精神上和物质上的资源。社会支持通常包括三个方面：

1. 情感支持。

情感支持就是来自亲人、朋友、同事的关心、安慰、理解、鼓励等，情感支持可以让我们感受到自己是被爱、被关心、被理解和被尊重的，可以减少个体的孤独感，从而非常有利于压力的缓解。例如，当职工朋友们心理压力很大的时候，如果有家人或朋友能够倾听你的诉说，能够理解你的困境，当我们向他人倾诉压力，和他人分担恐惧的时候，我们的内心得到了支持，心理压力就缓解了很多。

2. 信息支持。

信息支持是指来自社会、媒体、网络等渠道提供的信息资源，信息的支持可以帮助我们多角度地理解和看待压力，帮助我们更全面地分析和认识自己，从而提高应对压力的能力。例如，当我们无法应对压力时，可以寻找专业心理咨询师的帮助，心理咨询师可以用专业知识为来访者提供帮助。

3. 物质支持。

物质支持包括来自亲人、朋友、同事、邻居等提供的物质帮助，这些支持可以帮助我们暂时渡过困境，并给予心理上的巨大支撑，以减轻物质和心理的双重压力。例如，汶川地震时以及新冠肺炎疫情防控期间的武汉，来自全国各地同胞的物质资源不断地送到时，人们的内心会感动和温暖，感受到有人在支持他们，而不是自己孤独地承受灾害与痛苦，这些都能帮助他们减轻压力，渡过难关。

因此，职工朋友们要有足够的耐心和细心呵护关系，真诚地关心和帮助他人，同时也要懂得求助他人，让人际关系在互助中浇灌并成长稳固。还要主动分享和倾听，与他人分享自己的生活和感受，也在需要时认真倾听朋友的感受和故事，让支持关系在沟通交流中不断发展。

四、个人能力

个人能力也是评估和应对压力的重要影响因素，能力强，能举重若轻；能力弱，才会举轻若重。因此，职工朋友们还需要在工作生活中不断提升自己的综合能力，来应对各方面的心理压力。

例如，心理调节能力对于应对压力有着非常直接的影响。它包括对压力的认知能力，能从乐观、积极、多元的角度看待压力，压力感会减轻；还有人际关系能力，能从家人、朋友处获得情感支持和资源支持，也会缓解压力感；还包括良好的情绪控制能力，能够胜任复杂的环境变化等。

如解决问题的能力。如果有较强的解决问题的能力，自我效能感强，对压力的掌控感强，压力感知就会小；如果解决问题的能力较弱，那么面对压力，束手无策，无从下手，内心充满了无助感和失控感，自然压力感知就会强烈。例如，领导给我布置了一个任务，明天要交一份报告，我觉得时间太紧张做不完，产生了很大的压力。但是如果通过沟通交流，争取到老板的同意，把提交的时间由明天推后到了后天，时间充足了，那么由时间紧迫感带来的压力就会减轻。

第三章 应对压力：经历风雨见彩虹

这些表现可能是压力大的信号

当我们心理压力过大时，会随之出现一些生理心理反应，这些反应是给我们的压力预警，当这些信号出现了，就是给我们敲警钟了，职工朋友们除了及时到医院检查治疗外，还要考虑是否该调节自己的心理压力水平了。

我们需要从两个维度识别压力信号：一是看变化，当压力太大时，人们会发生较大的行为改变，如本来性格很乐观外向的人，突然变得郁郁寡欢；或者本身安静的人变得絮絮叨叨等。二是看信号的程度，如果程度较轻，可能本人慢慢地能调整过来；如果程度较重，就需要我们高度关注了。

一、生理信号

有研究指出，长期处于较高的心理压力状态下，会诱发多种疾病，并且还会引起躯体反应。最常见的躯体反应包括：

1.头痛。

医学研究发现，持续的高强度压力会引起神经递质和血管的变化以及肌肉紧张，这些都会引起头痛，又称紧张性头痛。职工朋友们现在觉察一下，你的肩膀是不是"耸起来的"；内心是不是"浮起来的"；眉毛是不是皱着的；你现在是不是停不下来，必须找点什么事做，如果有这些情况，说明正处在紧张的状态中，有可能会引起压力性头痛或紧张性头痛。

2.胃肠不适。

当你持续感到焦虑和压力时，由于压力通过多种方式破坏胃肠道功能，因此会引起胃肠不适等消化问题，如腹泻、呕吐、便秘、胃肠痉挛等；还可能会失去食欲，或者吃得比平时多得多，从而引起消瘦或肥胖。职工朋友们如果长时间的肠胃不舒服，医院身体检查又没有明确的结论，就需要考虑是不是压力导致的，通过调节心理和压力状态，缓解身体的不适。

3. 睡眠问题。

因为压力过大、精神过度紧张、情绪不好都会干扰我们的"睡眠中枢"，这时容易出现失眠、多梦、爱做噩梦、睡眠质量变差等情况。由于睡觉质量不好，第二天就会变得更疲劳，更增加了压力负荷，从而引起恶性循环。

4. 大量脱发。

正常的毛发，会由新的毛囊代替旧的毛囊，如果压力过大则会破坏这个过程，令大量毛囊处在静止期，随后毛囊脱落，引起脱发。

5. 免疫力下降。

长期处于压力中，身体特别容易生病，而且病后难以恢复，这些都是因为免疫力下降造成的，研究发现人在重压力下免疫系统会降低30%。

6. 皮肤问题。

具体表现为身上突然出现红疙瘩、长痘痘，感觉很痒，而且会对以前不敏感的东西变得非常敏感。

二、行为信号

长期处于高压力的状态，还会有一些典型的行为信号值得注意。

1. 咬指甲或抓头发。

这种情形是压力情境下的心理自我保护行为，很多压力大的职工朋友，尤其是孩子会通过咬指甲或抓头发来转移注意力。

2. 吸烟酗酒等物质依赖。

很多职工朋友因为压力大，精神苦闷，就通过吸烟、酗酒、喝咖啡甚至吸毒来缓解压力。慢慢地会越发依赖这些物质来释放压力。事实上，这些行为是不好的缓解压力的办法，不但不能释放或缓解压力，还会带来更严重的精神空虚和心理压力。

3. 行为偏执。

有一些人压力过大的时候，会表现出只相信自己，而不愿意相信周围的人，从而表现出语言或行为偏执，旁边的人说什么都听不进去，慢慢地会被周围的人疏离，而这又加剧了其心理压力感。

4.行为拖延。

压力过大的时候，感觉一大堆事需要做，但就是不想做，要拖到最后期限，才肯匆匆忙忙地完成。

5.强迫症。

当压力过大时，有的人还会出现强迫症。例如，新冠肺炎疫情防控期间，有的人怕疫情感染，心理压力过大，会一遍遍洗手、洗菜，每天重复几十遍。

三、认知信号

1.容易忘事。

长期处于压力环境中会让记忆力出现问题。比如经常忘记把钥匙放哪儿，或者经常忘记重要的约会、会议等。

2.注意力分散。

压力过大，不能集中注意力，经常是做着这件事，又突然想起另外一件事；或者看似在写文件，但脑子里可能在想着另外的事情，导致工作效率低下。

3.思维迟缓。

有的人在面对压力的时候，像是痴痴傻傻的感觉，看上去就像被冻住了一样，通常压力大会导致反应呆滞。

四、情绪信号

1.焦虑。

精神压力会引起人们的焦虑。这种焦虑感可能是不得已的、不具体的，但是它会产生强烈的情感反应，表现为忧愁、烦闷。

2.抑郁。

当精神压力过大时，人们很容易出现抑郁的症状。这种症状包括情绪低落、失去兴趣和成就的欲望、自我怀疑和自我贬低，终日闷闷不乐等。

3. 愤怒和敌对心理。

当人们经常遭受精神压力时，他们可能会变得愤怒、敌视和敌对。表现为脾气暴躁，容易被激怒，这种情况通常是因为他们感到无法控制自己的生活和处境。

4. 自卑感。

精神压力会导致人们感到不安全、无助和自卑。这种情况可能会导致他们不相信自己，并感到自己没有价值或不重要。

5. 情绪不稳定。

很容易流泪，情绪变幻不定，时而高兴、时而沮丧、时而烦躁、时而又情绪低落。

第三章　应对压力：经历风雨见彩虹

压力适应周期：给自己一点时间

一提到心理压力，可能很多人会皱起眉头，因为有压力的感觉总是不怎么舒服。我们大都不喜欢压力，以为能在无压力的情况下轻松地生活就是幸福，但心理学研究发现，没有压力也是不行的，压力有其存在的意义和价值。我们需要做的是接受压力，并学会与压力共舞，将压力转化为动力。

压力的产生，是物种进化的产物。我们的身体需要有这样的压力反应机制，并且需要时不时地调动和使用它，让我们在应对挑战时能够爆发出更多的力量。

压力——效率理论又称耶克森——多德森理论。该理论认为压力与效率的关系呈倒 U 形的曲线，当压力很低时，效率也会很低，正所谓人无压力轻飘飘；当压力很高，超过了人的压力承受力时，效率也会下降，因为过大的压力造成心理内耗，无法集中精力去学习工作；只有当压力适度时，效率才是最高的，因为适度的压力能够帮助我们更好更快地适应环境，并且能激发我们的潜能。

心理学研究还发现，在经过强烈的压力反应后，身体和大脑回到无压力的状态，这时候大脑会自动连续，从过去的经历中记忆、总结并学习。大脑会不停地回想起在压力状态下发生的事情。若困难被克服了，大脑会回放经历的场面，反刍做过的事情以及是怎么成功的；如果在应对压力时失败了，大脑也会试图想清楚发生了什么，会不断地思考如果以不同的方式做，会有怎样的结果等。这些思维过程伴随着感受会被储存在大脑中，形成记忆，这是压力教给大脑和身体如何应对未来压力的全部内容，会帮助我们处理未来遇到的相似压力。人也是在这些应对的过程中,提升能力和智慧的。

当压力出现后,我们的生理、心理和行为会有一个适应压力的过程。内分泌学和生物化学家塞利把适应压力的过程分为三个阶段:警觉阶段、搏斗阶段和衰竭阶段,每个阶段会出现不同的生理心理反应,这是自然发生的过程,甚至是必经过程。

一、警觉阶段

塞利认为,忽然到来的压力激发了人体中与压力有关的激素,这些激素能促进新陈代谢,释放所储存的能量,于是出现呼吸、心跳加速,汗腺分泌加快,血压、体温升高、僵化等。比如马上要上台演讲了,会紧张到呼吸急促,甚至头脑一片空白;突然被告知身体出现了重大疾病,我们可能会僵在那里,不相信眼前的事实,无所适从;临进考场发现忘记带准考证了,猛然出一身汗,甚至腿有点发软等,这些都是正常的警觉反应。

这个时候该怎么办呢?一是我们要告诉自己这些反应都是正常的,是身体对压力的自然应对现象,一旦大脑这样想问题了,理性就正在回归,紧张和压力就会减轻一些。二是我们需要短时间内调整身心状态,最好的调解方法就是呼吸法。先抛开面对的压力,做几个深呼吸,让内心恢复平静,减轻生理的应激反应。三是运用心理暗示法,告诉自己压力不可怕,现在需要冷静下来分析问题,总会有好的解决办法。

二、搏斗阶段

接下来,就会进入搏斗阶段,也就是全力投入应对压力事件。这时期的生理、心理和行为反应表现为:一是生理或生化指标表面上恢复正常,外在行为得以平复,也就是心跳、呼吸急促、出汗等情况得到缓解,貌似恢复到正常状态了,但其实这是一种表面现象,我们内心的紧张状态未必减轻;二是内在的生理和心理资源被大量消耗,因为要与压力对抗和搏斗,内心会处于矛盾、纠结、焦虑等复杂的情绪中,大量的身心资源因用于维持身体机器的高速运转而濒临耗尽的边缘;三是因内心资源被消耗,我们会变得敏感脆弱,即使是日常中的小事也可能引起强烈的情绪反应,出现情绪不稳定,脾气暴躁,委屈流泪等情况。

这个阶段，我们特别需要关照好自己。首先，身心处于与压力对抗的阶段，体能消耗很大，需要尽量规律地饮食睡觉，保持身体的健康，以支撑着自己与压力对抗。其次，内心和情绪被大量消耗，非常容易出现崩溃的情况。例如有一位外卖小哥违反交通规则被交警处罚，小哥突然蹲地大哭，这便是长期在工作压力状态下，遇有导火索便情绪崩溃。因此在这个过程中，我们既需要理解自己情绪崩溃是压力所致，需要调整自己的情绪，也需要理解他人的不良情绪，可能他们也正在与压力对抗。最后，有意识地缓解和疏解压力，寻求支持，帮助自己寻找到应对压力的好办法。例如，通过正念、音乐、找朋友倾诉、写压力日记等缓解压力，或者寻找心理咨询师获取支持。

三、衰竭阶段

经过一段时间的心理对抗，最后进入衰竭阶段。这一阶段分为两种情况：一是对抗成功，压力源消失或基本消失了，或者即使压力源未消失，但个体已然较好地适应了压力，内心获得了平衡和力量，经过一定时间的调整和恢复，内心得到修复。二是压力源暂时无法消失，个体仍然不能适应这一压力，压力应对失败，就容易出现心理或生理的疾病，如身体出现疾病，心理混乱，脱离现实，甚至出现幻觉、妄想等。

管理压力的几个实用方法

每个人一生中都可能会遇到压力山大的时候，学习掌握几个压力管理的方法，增强应对压力的信心和能力，提升对生活的掌控感。

一、认知重构法

有时候，压力不全是环境造成的，还与自己的感受和认知有关，是自己的负面思维将压力放大了。举一个例子，据我们调查，当前很大比例的职工，其压力来源是育儿焦虑，主要是怕孩子学习跟不上，中学学习不好，面临着被分流到职业高中，高中学习不好，会考不上985、211的好大学，然后就是找不到好工作，等等。这些都是因为我们放大了学习对于孩子一生的影响，而且家长的压力和焦虑，反过来影响了孩子的正确学习和成长。

如何克服这种压力呢？最好的办法就是认知重构，也就是换个角度想问题。我们可以通过问自己四个问题，有意识地改变自己的负面思维模式。

第一，"确实如此吗？"——"孩子上不了好高中，这辈子就完了"，忧郁烦恼时，问问自己："确实如此吗？"这时候，我们的内心可能会说：可不是吗，就是这样，事实就是这样。

第二，"果真如此吗？"再问自己一遍，让情绪少一些，理性多一些。这时候，相信大家会想道：好像还不至于。

第三，"不这么想情绪状态怎样？"这样的提问使自己觉察到自己的情绪，这时候会感觉到焦虑和愤怒少了一些，能够平静地思考问题了。

第四，"那该怎么办呢？"可能我们会说：先鼓励孩子好好学习，即便学习真的不好，我们再想别的出路。

二、身心放松法

人在心理压力下，身体通常处于紧张、麻木的状态，大脑似乎也停止了运转。运用放松技术，让身心得以放松，便于更好地处理压力。其心理学原理是，当负面情绪过多，心理压力过大时，人的认知范围变窄，思维受限，不能理性地分析和思考问题。例如马上进考场了，孩子心理压力很大，只觉得心怦怦跳，身体紧张到出汗，但大脑却一片空白。这个时候，有意识地提醒自己，让自己身心放松下来，内心安静下来，给自己一点时间消化压力，积蓄心理能量，让理智逐渐得以恢复。放松方法很多，如呼吸放松法、音乐放松法、舞动放松法、运动放松法、冥想放松法等。

呼吸放松法是非常便于使用的一个方法，具体方法是：

找一个舒服的坐姿，如果可能的话，放点轻松的音乐。调整自己的呼吸，用鼻腔深深地吸气，在内心默数 4 秒；然后屏住呼吸，在心里默数 2 秒；然后缓缓地通过嘴巴将刚才吸进去的空气慢慢地、长长地吐出来，在心里默数 6 秒，以上动作重复三次。

三、压力日记法

要处理压力，还需要对压力有所觉知。压力日记法可以让自己从情绪和压力的包围中脱离出来，跳脱心理混沌的状态，理性地思考一下压力的来源与解决办法。

在记录压力日记的时候有几点需要注意：一是要克服畏难情绪，让自己投入进去。在心情沮丧、压力巨大的时候，有的人精神被击垮了，觉得没有可能和力量去克服困难、挫折与压力，采取回避的态度；二是克服急躁的心态，人在压力巨大的时候，需要有恢复的时间，因此大部分人不可能一次完成记录，慢慢来，哪怕是每天思考完成一至两个问题，让自己的思维逐渐清晰；三是每天的记录保存下来，第二天再看看，给予自己信心和力量，这也许是寻找目标和勇气的过程。

压力日记的内容包括：感受到压力的时间有多久；当前的愉悦程度怎样；身体有无不适，是哪里不适；学习工作效率如何，状态如何；感受到的压力有多大；近期的压力事件是什么；压力的主要原因有哪些，再深层的原因又是什么；我能否应对这些压力，能应对哪个部分的压力；如何应对这个压力；如果从明天开始，我有什么计划；这个计划能否持续；持续一段时间后可能带来什么效果；是否有周围的亲朋好友可以帮到我，如何获得帮助。

压力日记记录表

我现在的心情如何	
我近两周内身体有什么不适（是否看过医生，医生建议怎样）	
我近两周内是否有情绪失控（莫名发脾气、莫名流泪哭泣等）	
我近两周内工作状态怎么样（工作积极性和工作效率）	
压力很大的日子有多久了	
可能导致以上状态的压力事件有哪些	
最主要的事件是什么	
引起这个事件的深层原因是什么	
这个问题我可以改变吗	
有什么人可以帮助我吗	
明天开始能做点什么呢	
能做的事情要不列个计划吧	
我能否按照计划先做一段时间看看	

四、压力绘画法

如果一时整理不出来思路，写不出压力日记，还可以采用绘画的方法。绘画的心理学原理是调动自己的潜意识，将潜意识表现出来，帮助自己认识压力。

具体做法是：

请找一个安静的、不被打扰的地方，让自己坐得舒服一些，找到一支笔，圆珠笔、水笔、铅笔都可以；一张 A4 纸；可能的话，放一首你喜欢的、放松轻柔的音乐曲，按下图开始画画，画完之后，再静静地思考。

1.画出此时此刻我的内心状态	2.画出近期我最烦恼、最有压力的事情
3.画出可以帮到你的人、事和资源	4.画出你觉得可以怎么做

五、寻求心理支持

  身处巨大的压力之下，要善于与人分享压力，寻找帮助支持，正所谓快乐与人分享，快乐就会加倍；压力与人分享，压力就会减半。倾诉是缓解心理压力、恢复心理平衡的有效的方法。现代人本主义治疗师卡尔·罗杰斯认为：来访者要得到成长，需要陪伴，需要有一段安全的、充分接纳的关系。因此，在痛苦的时候，人需要找到一位信得过的朋友陪伴和倾听自己。

  向朋友倾诉是为了获得心理和情感支持，而不是为了找个人与你一起悲伤，一起焦虑，因此寻找合适的倾诉对象还是很重要的。家人、同学、朋友等自己认为安全可靠的人都可以成为倾诉对象，但如果是与自己有过共同经历和体验，能对自己的现实处境比较了解和理解，并且具有一些心理学知识的人，那就是最佳倾诉对象，他不仅可以理解和共情到你，给予你情感支持，更重要的是能帮助你梳理压力、情绪背后的需求和问题，给予一定的疏导和引导。

六、积极自我调整

压力大到无法承受时,可能意味着我们需要积极地做些自我调整,使自己能更好地适应环境和社会。积极的自我调整包括以下几个方面:一是调整环境。如果是因为周围的工作或生活环境给自己带来巨大的压力,那么就试着调整一下环境。例如与领导或同事的关系无论如何都处理不好,给自己带来了巨大的压力,那么不妨换个部门,暂时远离压力;与婆婆的关系不好,在带孩子方面的理念与方法完全不同,多次努力沟通都得不到解决,那么不妨暂时与婆婆分开住一段时间。二是调整定位。自我的人生价值和角色定位及价值观与自己现状不符,从而带来巨大压力的时候,需要将自己的价值观重新进行定位。例如,出身名校,屡次提拔不得,既沮丧又焦虑,这时需要调整定位,重新认识自我,更好地规划职业发展。三是调整认知,克服一些不合理的认知。例如"我必须……""如果……,那一切都完了""非黑色,那就是白色"等。四是调整生活方式。例如,多看积极正能量的书籍,获得积极的信息;加强体育锻炼和意志锻炼,宣泄不良情绪;有规律地生活,从生活节奏中找回秩序感,增强掌控感等。

七、注重解决问题

对于有能力解决的压力,解决问题是缓解压力最有效的方法。其步骤包括:一是重新做整体规划。明确为了解决这个压力,需要哪些知识和能力,需要什么样的工作方式和生活方式,需要朝着哪个方向做哪些努力等。重新确定了方向和目标,就有了"一切尽在掌握"的掌控感,本身就能很好地缓解压力。二是制定任务清单。将方向和目标变成可视化、可执行的任务清单。这时候,就需要暂时降低标准,将大目标化解为一个个可以做到的小目标,一个一个地去克服。每克服一个小任务,达到一个小目标,鼓励自己一次,逐步找回自己的信心和自我效能感。三是管理时间。根据任务的轻重缓急,规定每天的工作时间和工作量,刚开始以"稍努力,即可达"为原则,随着能力的提升,可逐步提高工作量。四是注重当下。有时候,压力来源于对于挫折和困难的过度思考和解决,或者对于未来的恐惧,这时候,告诉自己不纠过往,不惧未来，注重当下每一天的收获和成长。这种对于压力的逃避，有助于集中精力去解决问题，而不被压力本身所耗竭。

八、压力升华为动力

著名的心理学家维克多·弗兰克尔在其著作《寻找生命的意义》一书中指出：人类必须持续地寻找生命的意义，以达到内部的平衡。人类心灵的健康和谐会随着人生意义的确立而获得，也会随着人生意义的丧失而损耗。因此，在经历精神上的烦恼、痛苦、焦虑和压力时，设定明确的人生意义与目标，激发寻找生命意义的动机和行为，也是疏解压力的好办法。

让我们一起，远离压力困扰，享受健康生活。

应对压力：这些方法要不得

职工朋友们学习了管理压力，就要尝试着用正确的方法帮助自己应对压力，调整好自己的身心状态。

一、忽视压力

工作生活中的一些压力特别不容易解决，或者一时找不到好的解决办法。例如，和爱人关系不好，离又离不得，爱又爱不起，凑合又不甘心；还有工作很不顺心，遇到一个特别烦的上司，辞职又不敢，不辞又很烦；经济压力很大，又不可能抢银行，每天都开心不起来等。很多职工烦的时候，就不去想它，转移注意力，忽视它的存在。

这种逃避压力的心态看似暂时宽了心，但实际上并没有解决压力，没有直面压力，没有找到压力释放的渠道。这种逃避的心态会丢掉解决压力的最佳时期，会让压力变成慢性压力积累在内心，无形中损害自己的身心健康。

面对压力，我们可以试着把问题细分成更小、更易处理的步骤，使生活更容易管理，也可以制订一个切合实际的计划来解决这个问题。如果夫妻关系不好，我们需要学习婚姻经营的知识和方法，试着慢慢改善关系；如果工作不顺心，我们需要调整自己的定位和心态，学习适应工作环境；如果经济压力大，我们需要暂时承受生活的艰苦，并努力提升自己的技能等。生活的压力需要面对它，并学习慢慢改善处境，在管理压力的过程中，寻找到生活的甘甜。

二、暴饮暴食

何以解忧，唯有美食。很多职工朋友，尤其是年轻职工会通过吃自己喜欢的食物来缓解压力。当然工作辛苦了一段时间，或者内心不愉快的时候，找一些自己喜欢的食物缓解一下紧张的情绪，找到生活的乐趣和甜蜜是可以的。科学研究也证明吃一些甜食可以缓解压力。但我们却不主张通过暴饮暴食的方法来缓解压力。压力大的时候，叫一群朋友吃肉喝酒唱歌，或者网购一堆零食，边吃边玩游戏，每当这种时候，一切烦恼都仿佛不存在了。但问题是依靠食物来减轻压力，暂时好像缓解了压力，但自己的健康受到了威胁，尤其是吃高糖甜食、高热量或高脂肪的食物会增加患糖尿病、高血压和快速增肥的风险，以这种方式来缓解压力，得不偿失。

三、酗酒吸烟

还有一些职工朋友们借助烟酒来麻醉自己，回避压力。压力大的时候，到酒吧喝个烂醉，或者与朋友一醉方休，或者自己在烟雾缭绕中沉醉，暂时忘掉世间的一切，让压力远离自己。这种方法的致命之处在于其有严重的依赖性，逐步地变成酒鬼和烟鬼，问题仍然未得到解决，而自己已活成了潦倒的样子，身体状况会越来越差，精神状态也会越来越差，生活状态也将会越来越差。类似的方法还有咖啡依赖、游戏依赖等，都是不好的方法。

四、疯狂工作

这种应对压力的方法非常值得关注，疯狂工作掩盖了事实的真相，有时候连其本人都忽视了自己的内心世界，不去有意识地调整自己。但过度工作会随着时间的推移而使人感到更大的压力，还会随着身体的过度消耗使抑郁和焦虑等情绪更加严重，直到最后无法承受。

五、疯狂购物

有一些女性职工还会用疯狂购物来排解压力，没有目标地、没有克制地大把花钱，买一堆自己根本不需要的东西。疯狂购物和酗酒抽烟一样，会形成物质依赖。

为什么购物会缓解压力呢？因为在购物的时候，能寻求到掌控感，买什么、怎么买、买多少都由自己说了算，卖家还会态度极好地接待买者，让买者真正体会到掌控一切的感觉，这种轻松、自由和洒脱会让其暂时摆脱生活的压力。但经常大手大脚地花钱购物，会导致财务发生问题，有可能会变得负债累累，从而更加剧了生活的压力。

六、消极避世

当前，还有一些职工朋友采取消极避世的方法来应对压力，比如不再跟人联系，找到一个安静的地方，躲起来，修身养性，远离喧嚣；或者经常到寺庙中烧香拜佛，寄托神灵，寻找庇护。职工面临的压力越来越大，自己无法承受的时候，寻找一个安静的地方，重新思考和整理心灵与情绪，是可以理解的。但若过于消极避世，有意躲避需要思考和面对的问题，恐怕也不是最好的缓解压力的办法。

七、暴力宣泄

据说，当前"减压馆"特别火爆，很多年轻职工到减压馆里面可以通过大喊大叫、摔碗砸盘、击打小人等发泄情绪，缓解压力。或者有的职工找一个沙袋挂起来，把眼前的沙袋，想象成自己心里恨的那个人，或者将其照片贴在沙袋上面，然后一顿拳打脚踢，把自己内心的不满统统发泄出来。

这种方法在短的时间内确实可以发泄不良情绪，似乎释放了压力，但发泄过后的心理建设必须跟上，要在情绪和内心恢复理性和平静后，思考解决压力的根本方法。如果只是停留在情绪发泄的层面，暴力发泄成为习惯行为后，一旦失控，就有可能把暴力发泄带到现实的工作生活中来，容易伤害他人，这非常值得职工朋友们注意。

每天都很累：警惕慢性压力

有的职工朋友们会有这样的体验：每天都觉得很累，提不起兴趣，做什么事情都没有动力；内心会觉得有一种被抽空的感觉，感觉整个人身心疲惫；有时会觉得内心有很强的无力感、无助感、无用感、无意义感。这时候，职工朋友们需要注意，这可能是慢性压力在作祟。

一、什么是慢性压力

心理学研究发现，人的压力可以分为两种：急性压力和慢性压力。所谓急性压力是指面临突发事件时产生的压力，比如突遇车祸，身心受到的冲击和伤害；像马上就要上台发言了，内心紧张，呼吸急促；再如，领导交代了紧急任务，要求一个小时后交付，这时候身体会调动一切精力，去完成这个任务。这些压力来得急，需要身体快速地应激反应；压力源比较清晰，知道压力来自哪里。通常来说，急性压力在解除后，身体能很快地调整和恢复。

慢性压力是一种长期持续的压力感，它会慢慢地折磨人。当我们长期处在某种令人不适的环境下时，慢性压力就会潜移默化地影响着我们的身体。它出现的时候不是很强烈，但与我们的工作生活相伴相随，导致我们每天都生活在苦恼中，成为一种长期持续存在的压力。例如，家庭经济困难，短期内得不到较大的改善；身患重病需要长期治疗；收入不高但有房贷车贷，像石头一样压在心头等。

例如，有位职工讲道：我刚刚 35 岁，但生活可以说是一团糟，前几年为了结婚，父母东拼西凑交了房子首付，每天睁开眼就是车贷、房贷以及孩子上学所需要花的钱；工作上也不是特别顺心，工作几年一直没什么提升，如今就连00后都步入了工作岗位，他们比我学习能力强，精力更旺盛，行动力也很强。我整个人仿佛失去了精气神，做什么都没劲，晚上还出现了失眠的状况，甚至没有心脏病家族遗传史的我血压也升高了，不知道是不是和这些压力有关系。这位职工就是被慢性压力所困扰的典型。

二、慢性压力的危害

如果说急性压力会激发人的斗志，调动人的能量去解决问题，并在此过程中增强能力。慢性压力常常被公认为是毒性压力，它对人的伤害不容小觑。

1. 影响身体健康。

面对慢性压力时，我们每天生活在焦虑、烦恼和痛苦中，大脑时时处在应激状态，人体会将免疫系统、消化系统、身体机能修复系统调低，以分配更多的资源给大脑来解决问题，因此，长时间地生活在慢性压力中，免疫功能长期处在较低的水平，癌症、心肌梗死、过劳死等疾病容易发生。

2. 认知功能受影响。

生理心理学认为，人们应对慢性压力的激素主要是"皮质醇"，皮质醇又称"压力激素"，如果长期处在慢性压力中，体内的皮质醇水平高，就会阻碍记忆与学习，长期皮质醇水平高的人在年老后丧失记忆力或患老年痴呆的风险较高。

3. 习得性无助。

长期处于压力下的人还会感受到习得性无助感，也就是对现实的无力感，认为自己无论做什么都无法改变目前的困境，失去了对自己和环境的控制。这样的悲观认知会对人们的心理状态造成很大的伤害，增加抑郁症等心理疾病的患病率。

三、如何应对慢性压力

1. 觉察压力。

职工朋友们如果觉得身体、心理有不舒服的感觉，比如觉得头痛、肠胃不适、没力气、不想做事、脾气暴躁、易怒爱哭、唉声叹气等，就要想想是不是心理压力太大了。同时要意识到慢性心理压力会给身体和心理带来很大的伤害，影响自己的工作生活质量，需要关注，并积极调适。

2.分析评估。

在工作生活中，除了单一性的压力外，很多时候我们面对的是叠加性的压力。这时候，我们要认真地分析压力的主要来源，以及主要的压力来源，厘清压力源，才能更好去应对压力。

3.接纳和应对压力。

慢性压力有很多是不可改变的，那么就要接纳它，并且积极应对它。对压力的研究发现了一个令人惊讶的现象：压力所造成的负面影响只对那些把压力当成伤害的人起作用，那些能够以平常心看待压力，或者把压力当成积极事件的人，压力源并不会带来明显的伤害。

压力变动力：提升自我效能感

压力能否变成前进的动力呢？这个问题很复杂，不同的压力情况，给每个人带来的影响不同，压力处理的结果也会不同，因此不能一概而论。但在压力管理的过程中，自我效能感强的人，对压力的调节能力就比较强，将压力变成动力的可能性就大。因此，自我效能感是职工朋友们要培养的非常重要的一项心理技能。

一、什么是自我效能感

自我效能感是美国著名心理学家班杜拉提出来的，就是人们对自身能否利用所拥有的技能去完成某项工作行为的自信程度。也就是说面对同样的境遇，有的人自我效能感强，觉得凭自己的能力一定能够完成，对自身的能力有信心；而有的人自我效能感弱，觉得哪里都是困难，凭自己的能力根本无法实现目标。

一个人的自我效能感非常重要，自我效能感高的人，对自己的期望值和要求比较高，能够体验到成就和满足，遇事能够理智地处理，乐于迎接应急情况的挑战，并且能够控制自暴自弃的想法；而自我效能低的人，则畏缩不前，害怕失败，总是情绪化地处理问题，在压力面前束手无策，容易受惧怕、恐慌和羞涩的干扰，因此在压力困难面前，会采取完全不同的态度和行为方式。

二、自我效能感的影响因素

1. 个人的成功经验。

通常来说，成功的经验和内心体验会提高一个人的自我效能感，能够从成功中寻找到力量和信心，对自己充满了期待；而反复的失败则会降低效能感，会觉得自己没有能力，如何努力都不会获得成就和成功，从而形成习得性无助感。

当然，这其中还会受归因方式的影响，如果总是将失败归因为自己的无能、自己的不聪明、自己的不可救药，那么只会越来越无助；如果将失败归因为外部条件还不成熟，我的努力还不够、前进的方向还需要调整等可控的因素，自我效能感就会提升。

2. 替代经验，也就是通常所说的榜样的力量。

通过观察他人的做法，学习他人的经验，尤其是身边的人、与自己境遇相似的人、自己熟悉的人，他们的成功会给予自己力量、经验和信心。

3. 言语劝说。

如果有身边的人能够给予真诚的鼓励和肯定，能够给予切合实际的言语激励，同样可以帮助他人获得自我效能感。尤其是在克服困难，负重前行的过程中，有来自家人、同事、朋友的肯定和鼓励，会是巨大的心理支持和力量。

4. 情绪状态。

个体在不同情绪状态下，会产生不同水平的自我效能感，例如在开心等积极状态时个体更加相信自己的能力，而处在沮丧、焦虑等消极情绪时往往会妨碍个体的行为选择。不同的生理状态对个体的自我效能感产生的影响表明，当个体处于疲劳、浑身颤抖等状态时自我效能感水平会降低。

三、自我效能感助压力为动力

当我们面对巨大的压力时，恰恰需要我们找到自我效能感，给予内心力量，支撑自己行动起来，在行动中获得动力和勇气。

1. 从我们能做得到的事情中体验自我效能感。

如果压力巨大，不知从何下手，或者目标高不可攀时，我们可以降低门槛，给自己找一些能够做得到的事情，哪怕是很简单的事情，只要每天做一些，有一些改变，坚持下去，在量变中获得质变，并慢慢地找回掌控感和效能感。

《微习惯》的作者斯蒂芬·盖斯，原本是一个普通的宅男，和很多人一样，想锻炼身体但就是坚持不下去，想看书想写作就是没能坚持。后来他想了一个办法，那就是将自己想要养成的好习惯，缩减到最小，比如一天想要做100个俯卧撑，就变成1天1个，一天看书100页变成一天看2页，一天写3000字换成写50字。之后他就要求自己每天都要达到最低目标。就这样，通过小小的微步骤，他拥有了梦想的身材，读的书是过去的10倍，还出版了《微习惯》这本书，实现了人生的大逆袭。

2. 寻找身边的榜样。

心理学家班杜拉认为，人的学习活动主要是通过观察他人在特定情境中的行为，审视他人所接受的强化，把他人的示范作为媒介的模仿活动。很多时候，我们都是在无形中通过榜样来学习。当我们面对巨大的压力，觉得无法承受时，不妨给自己找个标杆，找个榜样，找个例子，通过向这个标杆学习，获得继续克服困难的勇气和能力，寻找解决问题的办法。

3. 积极寻求他人的鼓励。

当面临困难和压力时，人际支持非常重要。我们需要的人际支持除了来自同伴、家人、朋友的信任、安慰、陪伴之外，还要积极寻求他们的反馈和鼓励。在克服困难的行动过程中，及时与朋友交流想法与做法，将自己的所思所想敞开心扉地告诉他们，获得他们的建议、支持和鼓励，在不断实践的过程中，及时从同伴中获得肯定和支持，这些都是帮助我们克服压力的精神力量。

第三章　应对压力：经历风雨见彩虹

心理学名言

如果你有意地避重就轻，去做比你尽力所能做到的更小的事情，那么我警告你，今后的日子里，你将是不幸的。因为你总是要逃避那些和你能力相联系的各种机会和可能性。

——埃布尔林罕·马斯洛

只有当我们愿意承受打击时，我们才能有希望成为自己的主人。

——卡伦·霍妮

我们看待事物的方式、而不是事物本身如何，决定着一切。

——卡尔·荣格

第四章

认识情绪：不被情绪所左右

不要闹情绪：情绪到底是什么

职工朋友们可能都听说过这句话：注意控制自己，不要闹情绪。到底情绪是什么呢？为什么闹情绪不好呢？

一、什么是情绪

心理学认为：情绪是人对客观事物的态度体验以及相应的行为反应。我们每个人时刻与周围的事物发生着各种联系，人与动物的重大区别在于人能体会到客观事物的意义或价值，因此也会对客观事物抱有一定的态度，这种态度以某种特殊的感情色彩表现出来，就是情绪。例如，顺利完成任务时，人会感到轻松愉快；受到领导批评时，会感到痛苦愤怒；看到同伴比自己出色，会有失落或羡慕之情；而看到丑恶的事情时会有痛恨或厌恶的情绪等。

人有七情六欲，这是人之所以为人的本能。每个人都有情绪，有情绪也是正常的反应。既然如此，为何闹情绪就不好呢？因为情绪还有一些特征。

二、情绪的特征

1. 情绪分积极和消极两类。

大体来说，人的情绪分为积极情绪和消极情绪。积极情绪是指当需要得到满足时，因采取积极肯定的态度而产生的一种内心体验，如愉快、高兴、尊敬、佩服等，积极情绪通常对人的行为起到促进和增力作用；而消极情绪则是指需要没有得到满足，由于采取否定态度而产生的消极体验，如忧虑、恐惧、悲伤、憎恨等，消极情绪通常对人的行为具有削弱和减力作用。

闹情绪时，通常是情绪占了上风而理智处于下风，而且是消极负面的情绪占据了情绪的主体，甚至主导人的行为，如果不加以克制，可能会带来不良的心理和行为后果。例如，工作中不被理解而感到很委屈，这是正常的情绪反应，我们可以理解并接纳自己的这些小情绪。但如果不及时处理负面情绪，而任由情绪主导心理和行为，就可能出现抱怨、谩骂，甚至攻击的行为，这就是闹情绪了，将会给我们带来不良的后果。心理学研究证明长期的消极负面情绪对人体的健康极为不利。有资料显示：人类有80%以上的疾病都是来自心理因素，偶尔闹闹小情绪，有些负面情绪可能无伤大雅，但如果不加以对情绪进行疏解和管理，长期积累和压抑负面情绪，非常容易引发高血压、心脑血管疾病以及女性的乳腺、妇科等疾病。

2.情绪具有两极性。

人的情绪情感体验，都有一种与它性质相反的情感相对应，如欢乐——悲哀、爱——恨、紧张——轻松、欣赏——嫉妒等。正常的情绪状态是当喜则喜，当忧则忧，喜忧适度。适度地表达情绪是必要的，但情绪如果不加以调控，任由其走向极端，就是闹情绪了，可能带来不良的后果。

例如，清朝小说家吴敬梓在《儒林外史》中写了范进中举的故事。范进为入仕途，多次参加科举考试，屡屡不中。最后一次乡试出榜当天，范进去集市上卖家里的一只老母鸡。报录人来时，邻居将他从集上拖了回来。范进进屋后，不敢相信自己的眼睛，他看了一遍又一遍，忽然两手拍着喊道："我考中了"，接着往后一跌，紧咬牙关，不省人事。等醒来后，他拍着手大笑着又去了集市，原来他因为高兴过度而疯了。

因此，当有情绪出现，尤其是不良情绪出现时，要合理地纾解和表达情绪，有意识地主动进行干预和调控。如果任由情绪做主，也是闹情绪的一种表现，会带来不好的行为和结果。例如，愤怒的情绪出现时，如果不加以调整，任由其积累和发展，可能出现两种后果：一种是向外攻击，将情绪迁怒于别人，跟别人发脾气。就像有的职工在单位被老板批评了，带着坏情绪进家门，看到孩子沉迷于玩游戏，怒气冲天，将孩子训斥或者打一顿，这就是将愤怒的情绪迁移到了孩子身上。另一种是向内攻击，坏情绪压抑在心里，以身体症状或心理疾病表现出来，就像很多疾病是因为负面情绪的长期压抑导致的。

3. 情绪的动力性。

情绪对人的行为具有强大的推动作用，积极的情绪推动正面的行为，消极的情绪推动负面的行为。例如，羡慕和佩服劳动模范的荣誉和成就，就会积极行动起来努力争当劳模；相反，厌烦和憎恶自己的工作，就会容易迟到、容易出错、麻木倦怠、无法投入工作。情绪即使被压抑到内心深处，也通常会以某些行为表现出来，而行为背后总是有情绪的支撑。

因此，在平时的工作生活中，我们尽量让积极的情绪占主导，从而增强行为的动力；如果总是闹情绪，让负面情绪主导我们的心理和行为，工作质量就会大打折扣，生活质量也会不尽如人意，这些后果更加剧了不良的情绪反应，让自己的境遇变得更加糟糕。

4. 情绪的信号性。

情绪的外部表现是表情，表情具有信号传递作用，属于一种非言语性交际，人们可以凭借表情来传递情感信息和思想愿望。

心理学家阿尔伯特研究发现：在日常生活中，55%的信息是靠非言语表情传递的，38%的信息是靠言语表情传递的，只有7%的信息是靠语言传递的。有时候，表情比语言更具生动性和表现力，人们可以通过表情准确而微妙地表达自己的思想感情，也可以通过表情去辨认对方的态度和内心世界，因此，表情被视为人际关系的纽带。

人们常说爱笑的人运气总不会太差。大部分人还是更喜欢与阳光乐观，积极向上的人交往，愿意与友好善意的人合作，并提供帮助。而爱闹情绪的人，通常性情不稳定，对人忽冷忽热，表情也不甚友好，拒人于千里之外，会影响正常的人际关系。

三、有了坏情绪怎么办

生活不如意十之八九，有了不良情绪该怎么办呢？

先看一个故事：

有一天，陆军部长斯坦顿来到美国总统林肯那里，气呼呼地对他说，一位少将用侮辱的话指责他有所偏袒。林肯建议斯坦顿写一封内容尖刻的信回敬那个家伙。

"可以狠狠地骂他一顿。"林肯说。

斯坦顿立刻写了一封措辞强烈的信，然后拿给总统看。

"对了，对了。"林肯高声叫好，"要的就是这个！好好训他一顿，真写绝了。"

但是当斯坦顿把信叠好装进信封里时，林肯却叫住他，问道："你干什么？"

"寄出去呀。"斯坦顿有些摸不着头脑了。

"不要胡闹。"林肯大声说，"这封信不能发，快把它扔到炉子里去。凡是生气时写的信，我都是这么处理的。这封信写得好，写的时候你已经解了气，现在感觉好多了吧，那么就请你把它烧掉，再写第二封信吧。"

怎么样，不闹情绪，而是找个合理的方式宣泄和纾解消极负面情绪，然后生活依旧继续。

要情绪，但不要情绪化

情绪与我们如影随形，喜怒哀乐悲恐惊是人之常情。每个人都在用情绪体验着生活，各种大小事情带给我们种种情绪感受，或欣喜或悲伤，或兴奋或压抑，这些都是生活的滋味。

一、要情绪，但不要情绪化

情绪是生命的一部分，有了情绪体验，就意味着我们对自身和环境尚有敏锐的感知能力，没有了情绪，就失去了与外界的情感联系。不仅如此，情绪还帮助我们应对外部环境，例如恐惧帮助我们尽快逃离危险；哀伤表达出了自己的无助，能够赢得同情和支持；而喜悦则意味着我们的行为与环境相适应等。因此，我们不必拒绝和排斥情绪，相反，可以每天给自己一点时间，回味和整理一下自己的情绪，并由此反省一下自己的认知和行为。

但情绪化则是危险的信号。情绪化是指行为被情绪所左右，不能用理智管理好自己的情绪，喜怒无常，起伏不定或者生活被负面情绪所裹挟。情绪化的表现有：时刻跟着"感觉"走，感觉高兴的时候，情绪高涨，别人不经意间的一句话让他感觉不高兴了，不去思考原因，马上就表现出生气或愤怒；行为冲动，遇到不顺心的事情，不去思考结果，任由情绪支配，甚至做出极端事件。2018年，湖南一女子在离婚第二天，因和前夫争吵未果，将自己四岁的儿子从阳台上扔了下去，所幸孩子坠地时被电线杆撑了一下落到了泡沫盒子上，才捡回一命；以自我为中心，满足自己的需要时，就非常高兴，不满足自己的需要时，就异常地愤怒和生气，仿佛这个世界都不公平，整日牢骚满腹，抱怨不止等。

情绪化的人受情绪左右，容易导致情绪不稳定、冲动，事后冷静下来也感到不应该，经常处于内心矛盾冲突的痛苦之中；也很容易挫伤别人的情感，严重影响人际关系；极端情绪化还可能做出后果不堪设想的行为。

二、要读懂情绪，不要拒绝情绪

要想在情绪面前做到理性平和，不被情绪所左右，就要理解和读懂情绪，并在此基础上调整情绪，简单地拒绝情绪往往效果并不好。例如，年轻妈妈在家里教孩子写作业，特别容易情绪失控，一不小心可能连打带骂，教训孩子一通，有时候连带着孩子爸爸也不能幸免，事后妈妈会说我下次一定控制好情绪。但大部分情况下，还会旧戏重演，为什么呢？因为妈妈没有理解自己情绪崩溃背后真正的心理需求。一位妈妈来访称自己总是对孩子发脾气，在深入交流时，她说自己工作很辛苦，要想着赚钱，让这个家过上好日子，回到家还要照顾孩子，陪孩子写作业，自己老公什么都不管、不操心，觉得特别委屈。每次看到自己辅导孩子写作业，老公在玩手机，怒从胸中来，实在忍不住了，就连孩子和大人收拾一顿。妈妈愤怒情绪的背后，是希望自己被爱人看到、肯定和关爱，正如她所说：苦不怕，累不怕，就生气自己做这么多却没人问没人管。

《潇湘晨报》刊登过一篇文章《每种情绪背后都代表着一个心理需求》，文章认为情绪就如"信使"，每种情绪都是送信人，每一封信都来自内心，我们需要好好收下这封信，理解并应对好这封信。如果拒绝，它就会一趟趟地送，甚至晚上送，这就是为什么在梦中会梦见一些不愿意看见和接受的画面。

文章还详细讲道：我们的情绪，尤其是"负面情绪"可能包含着我们内心的重要需求。例如，压抑是我们在生活中都难免的情绪，但压抑意味着我们还没有能力和资源去应对当前的冲突，压抑让我们退回到自己的空间，暂时得以喘息和休憩。但压抑不能太久，否则会变得委屈和愤怒，我们需要理解压抑背后所要面对的那个冲突，要问自己还要不要压抑，是否已经准备好应对它，或者准备好表达真实的自己。如果仍然选择承受压抑，那就要接纳暂时的自己，不要自责和自我伤害。

愤怒的情绪也没有那么可怕，它并不是一定要暴力或极端表达。愤怒的背后是自尊，是追求被公平与合理地对待。当受到不公正对待时，自然会愤怒，我们只需要知道合理地表达愤怒，而不是长久地压抑愤怒，或是任由愤怒支配行为。

嫉妒也没有那么可耻，其背后是自己特别想要别人拥有的东西。因此，面对嫉妒的情绪，不急于自责，先接纳自己确实也想拥有某个东西这个事实，然后通过自己正确地努力而得到。如果努力也不可得，或者不想要，那么就放下它。

悲伤是令人痛苦的，但悲伤也是疗愈，人只有经历了悲伤，才会变得越来越强韧，越来越成熟。因此，当悲伤的时候，给自己一点时间，也不要劝说正在悲伤的人尽快走出来，用一些时间整理和面对自己的内心，悲伤的尽头是接纳、转化和坚强。

无聊也不是贬义词，因为无聊孕育着生命的价值和意义，青少年很容易有无聊感，那是他们在接触自己此生原本的使命；在匆匆忙忙的日子里，只有夜深人静无聊的时候，我们才开始思考：内心真正想要什么，生命的意义何在。人生最重要的不是动起来，而是能够静下来，在无聊中与内在的自己见个面，寻找生命真正的意义以及自己真正的需要。

三、要表达情绪，不是情绪性地表达

表达情绪和情绪性地表达，两者的区别是什么呢？举个例子：你和同事因为工作方案发生了分歧，对方在背后诋毁你。表达情绪是你告诉同事我很生气，你这么做不合适，有什么意见要当面表达。表达情绪是以合理的渠道和方式给情绪以疏解，而情绪性的表达则是失去理智，带着不良情绪去沟通或处理问题。合理地表达情绪有利于自身健康和问题的解决，而情绪性地表达则可能带来不良的行为后果。

如何合理地表达情绪呢？

1.说出自己的感受，不评判或指责他人。

例如，你的辛苦总是得不到爱人的理解和关心，你可以说：我太累了，你得替我分担一些家务。我做了那么多工作，你怎么好像熟视无睹呢？

但如果你说：你每天就知道吃和玩，什么都不干，你这个懒惰的东西，要你有什么用。

可想而知，家庭矛盾就会升级。

2.着眼于问题的解决，而不是负面情绪的发泄。

例如，你因无故降薪而气愤，你需要跟领导说：降薪很受打击，为何要给我降薪？我无法接受这个事实和解释，如果仍然得不到解决，我可能会采取法律手段，或者向上级单位反映。

但如果你说：凭什么降薪，单位就是欺负老实人，欺负到老子头上来了，我跟你没完。

这种情绪性的表达只是发泄了情绪，而无益于问题的解决。

3.不停留在情绪的层面，而是就情绪背后的心理需求进行表达。

例如，同事升迁了，你很失落，甚至有些嫉妒。首先需要认识到这是嫉妒心理；其次告诉自己：我有妒忌心理了，我也特别想要升迁，为什么他能升迁而我不能呢？差距在哪里？我需要在哪些方面努力才能显示出我的优势呢？这样表达后，心态也就平和了很多。

4.可以寻求多种表达情绪的方式。

例如，通过写日记与自己对话，表达出自己真实的情绪；找个可靠的朋友，倾诉自己的情绪；适度地发泄负面情绪，如痛哭一场、跑步运动、K歌等。

第四章 认识情绪：不被情绪所左右

这几种情绪人人都有，但却未必能察觉

现在，请职工朋友们做个练习：

请大家说一说：当下你的情绪是怎样的？再说说近三天至两周来，你的情绪又是怎样的？能用一个或几个词准确地概括出来吗？

面对"现在感觉怎么样？"这个问题，常见的回答大概是"挺好""还行"或者"不怎么样"，又或者仅仅是"累"或者"心累"。如果继续追问下去，可能相当一部分人就说不清楚当下的自己到底有些什么感受。其实，察觉和识别情绪的能力对我们的心理健康是非常重要的，那么，常见的情绪到底有哪些呢？

一、人类有多少种情绪

我们人类有多少种情绪呢？我们每天体验的是哪几种情绪？我将一些基本情绪罗列下来，职工朋友们可以对照觉察一下，总有几款属于你。

《礼记·礼运》中记载："喜、怒、哀、惧、爱、恶、欲，七者弗学而能"，说的就是人的这七种情绪与生俱来，不用学就会了。

而美国加利福尼亚大学伯克利分校研究人员发现，人的情绪不止这些，其实有27种。它们分别是：钦佩、崇拜、欣赏、娱乐、焦虑、敬畏、尴尬、厌倦、冷静、困惑、渴望、厌恶、痛苦、着迷、嫉妒、兴奋、恐惧、痛恨、有趣、快乐、怀旧、浪漫、悲伤、满意、性欲、同情和满足。

二、几种基本情绪

我们来学习识别几种基本的情绪：

1.快乐。

快乐是指一个人盼望和追求的目的达到后产生的情绪体验。由于需要得到满足，愿望得以实现，内心会感觉到愉悦、安全和舒适。

快乐大致有五种情况：第一类是感觉快乐，就是在舒适的情境中产生的感觉上的愉快，例如和好友吃饭聊天，感觉到温暖放松是一种快乐；第二类是生理需要得到满足后产生的快乐，例如特别饿的时候吃到一个馒头，会感到无比快乐；第三类是娱乐带来的快乐，例如跳舞、打球、看电影、表演等活动中体会到的快乐；第四类是情感上的满足带来的快乐，例如友谊、爱情、亲情带给我们的快乐；第五类是成就快乐，例如考上了好的大学，得到了卓越的业绩时产生的满足和快乐。心理学家们认为：快乐有来自物质的满足，也有来自精神的满足，而精神上的满足和快乐是持久的快乐。

2. 愤怒。

愤怒是每个人都会体验到的情绪，通常在所追求的目的受到阻碍，愿望无法实现时产生。愤怒的破坏力是很强的，人在愤怒时紧张感增加，有时不能自我控制，容易出现攻击行为。愤怒的原因很复杂，受侮辱、失恋、嫉妒、权利被剥夺、有不公平感、持续的痛苦、过度疲劳、焦虑、委屈等都会产生愤怒的情绪。愤怒也有程度上的区别，一般的愿望无法实现时，只会感到不快或生气，但当遇到不合理的阻碍或恶意的破坏时，愤怒会急剧爆发。

3. 恐惧。

当人意识到危险来临时，比如一个怪物突然出现，突然发生地震，或是大火马上要烧到自己了，就会产生恐惧。

恐惧的产生不仅仅由于危险情景的存在，还与个人排除危险的能力和应付危险的手段有关，当一个人习惯了危险的情景或者学会了应付危险时，恐惧就会减轻很多，甚至就不会发生了。例如，一个初次出海的人遇到惊涛骇浪或者鲨鱼袭击会感到恐惧无比，但一个经验丰富的水手对此可能已经司空见惯，泰然自若。恐惧可以帮助人们逃避危险，免受伤害，但过度恐惧则会导致神经崩溃，甚至出现精神方面的问题。

4. 悲哀。

当心爱的人或东西失去时，或理想和愿望破灭时，人们会产生悲哀的情绪体验。当人悲伤的时候，往往什么也不想做，只想一个人待着，不想被打扰。虽然他表面行为看起来是安静的，但其实他的头脑却在不停地想事。例如，他会想到所失去的人、物或是机遇是多么好多么宝贵，而自己没能好好珍惜；还会想从此失去了这些，自己将来怎么办等。悲伤的人几乎每天都在想这两方面的问题，像进入怪圈一样走不出来，如果一个人长期沉浸在悲伤的情绪中，慢慢地就会变得抑郁。

5. 焦虑。

当感觉周围不安全的时候，或者自尊受到威胁的时候就会产生焦虑感。人在焦虑的时候，神经会高度敏感，容易看到、听到、觉察到平常不易觉察到的危险，对威胁到自身安全的消息，尤其是负面消息尤其敏感，甚至会过度关注或解读一些信息，而这些信息可能又会增加人的焦虑感。因此，当被焦虑情绪裹挟时，尽量快速地摆脱焦虑情绪，理性地获取更多客观信息，并积极行动起来。例如，新冠肺炎疫情刚开始时，人们感觉到安全受到了威胁，普遍有焦虑感，对关于疫情传染的信息特别关注。这时，让正确的信息公开透明，并告诉大家如何科学地防控疫情，人们的焦虑情绪就得到很好的改善。

焦虑情绪也不是都不好。人在进化过程中，焦虑是最先进化出来的情绪之一，它的一个重要作用就是帮助人类发现潜在的威胁，并及时采取措施保护自己。比如我们在过马路时、开车时、与人做生意时、找工作时，适度的焦虑会使我们变得小心谨慎，多做准备，深思熟虑。但过度的焦虑，则会抑制我们的动力、思维和工作效率，把焦虑控制在中等程度是比较理想的状态。

6. 抑郁。

抑郁是一种不开心、不愉快的情绪体验。《红楼梦》中林黛玉就是抑郁质类型，她多愁善感，总是容易看到事物中阴暗、消极和悲观的部分，因此常常闷闷不乐，郁郁寡欢。

当前，抑郁情绪越来越成为困扰我们的负面情绪之一，为什么呢？因为抑郁情绪与自我知觉有着紧密的内在关系。有研究发现，人类祖先在风险无常的大自然面前，充满恐惧和无助，会本能地有痛苦的感受，但忧郁的情绪却较少。而今天，人们的生活环境更加安全了，物质生活也更加丰富了，但忧郁情绪越来越多了，因为人类的自我意识在不断升华。正如叔本华所说：知识越多越悲苦。而亚里士多德说：一切伟人都是孤独、忧郁的。

  当然，抑郁情绪和抑郁症是不同的。一般来说，一个人遇到精神刺激，产生短期忧郁反应，在两周内能逐步调节和消除，这是正常的情绪变化；如果3~6个月以上仍然陷于忧郁状态或反复有忧郁发作，那就要到专业机构做进一步诊断，有可能就是抑郁症了。

第四章　认识情绪：不被情绪所左右

坏情绪到底从何而来：一念之差

在工作生活中，人们不免会为各种各样的坏情绪所困扰，如内心焦虑、心情抑郁、惶恐不安、情绪阴晴不定等。特别是工作繁忙、生活不顺利的时候，内心会变得更加焦躁，低落或者是一言不合就火冒三丈。那么，这些焦虑、沮丧、愤怒、抑郁等坏情绪是从何而来的呢？

大家一定觉得是因为我们遇到了令人不愉快的、不顺心的事情。焦虑可能是因为工作怎么都完成不了，孩子又不认真学习；沮丧是因为又被领导批评了；愤怒是因为发生了一件让人非常生气的事；抑郁是因为理想中的结果总也达不到等等。

但心理学研究发现，我们的情绪不仅仅来自客观事物，更重要的是我们对于事物的认知、看法和解读。同样一件事情，有的人能够淡然处之，坦然受之，甚至能从中自得其乐；但有的人却愤怒抑郁，焦虑不安，甚至发出过激的言论，做出过激的行为，这之间的差距是因为人的认知和信念。

美国著名心理学家埃利斯创建了情绪的 ABC 理论，该理论认为：激发事件 A（activating event 的第一个英文字母）只是引发情绪和行为后果 C（consequence 的第一个英文字母）的间接原因，而直接原因则是个体对激发事件 A 的认知和评价而产生的信念 B（belief 的第一个英文字母）。也就是说人的消极情绪和行为（C），不是由于某一激发事件（A）直接引发的，而是由于经受这一事件的个体对它不正确的认知和评价所产生的错误信念（B）所直接引起的。

简单地说，A 表示诱发性事件，B 表示个体针对此诱发性事件产生的一些信念，即对这件事的一些看法、解释，C 表示自己产生的情绪和行为的结果。

用一个图来表示，即为：

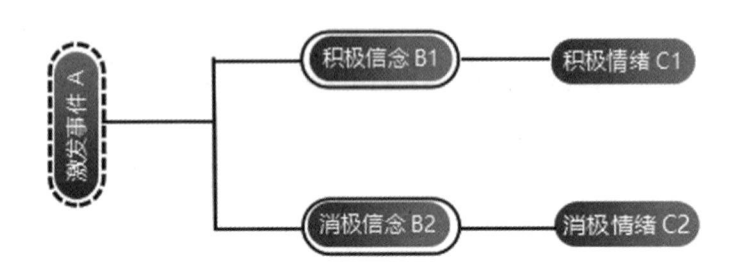

```
                    ┌── 积极信念 B1 ──── 积极情绪 C1
    激发事件 A ─────┤
                    └── 消极信念 B2 ──── 消极情绪 C2
```

阿根廷有一部著名的电影叫《荒蛮故事》，整个电影是由六个独立的小故事构成的，但看似独立的故事却展现了一个道理：人不对自己的情绪加以管理，不随时调整自己的不良情绪，任由情绪支配自己的行为，其结局是极其可怕、极具灾难的。如果人类没有文明的信念，没有宽恕的思维，没有理性的思考，那就如荒蛮的动物世界一样，仇恨、报复、杀戮随时可能发生。

《荒蛮故事》中的第三个故事似乎离我们最近，它是关于路怒症的故事。

一个开奥迪新车的男人看到路上有一辆破旧卡车挡住了他的去路，他晃车灯希望对方让路。偏偏卡车司机对奥迪男的傲慢表示不满，于是开始走 S 形，就是不让路。奥迪男十分恼火，他一边骂着对方"一定是个无家可归的没有教养的流氓"，一边伺机超过前方的卡车。就在超车的过程中，奥迪男摇下车窗，向对方比了一下中指，然后快速开走了。可没想到，走了没多远，奥迪车的车胎松动了，奥迪男无奈下车准备换轮胎。这个时候，卡车司机气势汹汹地追了上来，将车停到奥迪车正前方，并倒车撞向奥迪车。奥迪男赶紧躲进车里，关好车门车窗。卡车司机伤不到奥迪男，但又不解气，于是爬上奥迪车的车顶，在车顶撒了尿。卡车司机这才觉得解了气，准备开车走人。可奥迪男却觉得受到了极大的屈辱，开始加油门向前顶那辆旧卡车，把卡车顶下了前面的河。卡车司机开始拿锤子自救。奥迪男开车离开，本来已经走了一段距离，但听到从车里爬出来的卡车司机骂道："我记住了你的车牌号，我一定让你死"！奥迪男遏制不住愤怒的情绪，竟然又掉头将车开回冲突现场，两人惨烈地扭打起来。

最后汽车爆炸，两人双双死亡。

讽刺的是，等大火熄灭，警察来到现场后，看到两个被烧成骷髅的人抱在一起，认定这是两个情杀的同性恋。

整个事件中，但凡有一个人保有理性，能管理好情绪；或者在几次冲突中，但凡有一次想到"退一步海阔天空"的道理，悲剧都有可能避免。

一念之间，生死两别。很多事情的发生，根源就在于信念。

那么，常见的不合理信念有哪些呢？

ABC理论认为有以下三种：

一是绝对化的要求。也就是常常从自己的意愿出发，认为事情必然应该是这样，而不该是那样，如果不按照我的意愿发展，就无法接受和适应，陷入极大的情绪困扰中。例如，奥迪男认为，你就应该给我让路，不主动让路，就是没有教养的流氓。

二是过分概括的思维。也就是以偏概全，以局部的特征推断事物的全貌。例如，有些人遭受失败后，就会认为自己"一无是处、毫无价值"，产生自我否定，自暴自弃、自罪自责等不良情绪。如果指向他人，就会一味地指责别人，产生怨愤、敌意等消极情绪。例如，卡车司机认为开奥迪车的男人一定傲慢无礼，他冲我晃车灯，就是在挑衅我、侮辱我，我就要教训教训他，让他知道我的厉害。

三是糟糕至极的信念。持这种思维的人一旦遇到糟糕的事情，就联想到灾难性的结果，看不到事情还可以发展、变化和转圜的可能。比如，孩子中考没考好，就认为大学也没希望了，就业也没希望了，人生都没希望了，从而情绪沮丧、焦虑和抑郁。再如，奥迪男听卡车司机说道："我记住了你的车牌号，我一定让你死"。奥迪男就认为不是他死，就是我死，我必须先弄死他。

坏情绪往往来自不合理的信念，因此，一方面，要避免不合理的信念主宰我们的情绪，让情绪如脱缰之野马；另一方面，要树立理性积极的信念，通过多读书，多学习，多修身养性，多慎独自省，多崇尚真善美，拓宽自己的认知范围，丰富自己的知识积累，让自己有调整和管理坏情绪的能力。

情绪管理：觉察情绪是第一步

要想管理好情绪，不让情绪左右自己的行为，觉察情绪是第一步。就如我们只有看得到或感受得到空气中的尘埃，才好去清除它或改变现状，如若终日被不良空气所裹挟却不自知或觉得理所当然，那么改变就无从说起。

一、什么是情绪觉察

情绪觉察就是对自己当下情绪情感的认知。通俗地说，就是能够相对清晰准确地感受或说出自己当前处于怎样的情绪状态中，给情绪命个名，或是贴个标签，是快乐还是悲伤，是抑郁还是愤怒抑或恐惧。

我们每个人在工作和生活中都会面对愤怒、焦虑、烦躁等不良情绪。发怒的时候摔杯子砸书，烦躁的时候说话呛人，郁闷的时候大吃薯片等，这些都不是情绪，是情绪化反应，这种情绪化反应不仅不能帮助我们解决问题，还会破坏我们的人际关系和工作形象，实在不是一个优秀的职场人所该表现出来的素养。但是如果将这些行为及背后的情绪都掩盖或压抑下来，不去直面和处理它，负面情绪的积压又会伤害自己的身心健康。因此，我们需要去感受、认知和理解这些行为背后的情绪，以及情绪背后的需要，将这些都梳理清楚了，心气也就顺了。

二、情绪觉察不容易

情绪觉察不是一件很容易的事情，为什么呢？因为我们在工作生活中总是习惯于理性思考，经年累月地，捕捉和感受情绪的能力就减弱了。当遇到事情的时候，我们只是在理性层面去分析事情的好与坏、利与弊，而忽略关照自己的情绪。

例如，在窗口工作的职工，因为需要处理的事情比较多，速度慢了一些，莫名地被顾客指着鼻子骂了一通，职工非常生气。但理性马上告诉职工，公司有要求，不能与顾客发生冲突，否则就会被扣钱，甚至丢掉工作。于是职工告诉自己不要与顾客一般见识，还是耐心地帮助顾客完成了业务。这是我们特别习惯和常有的思维和行为方式。

可是这样理性处理的背后还有委屈、愤怒等情绪没有被关照。这些小情绪被忽略后，并未失去，而是压抑到了心底，积累了起来。直到有一天，又因为一件事情被顾客投诉，或者是工作中与同事发生了小冲突，职工有可能会忍无可忍，愤怒地朝顾客或同事咆哮起来，甚至砸了东西，或者是做出了更具攻击性的事情。

职工的这些不良情绪需要被觉察和处理。例如下班后，找个安全或温馨的地方，让自己静下心来，问问自己：现在感觉如何，有什么样的情绪。觉得自己很委屈，很愤怒；为什么呢？因为自己的工作不被理解，因为受到了不公平的对待。在这个过程中，可能就会伴随流泪哭泣、自我安慰等，情绪得到了一定的缓解。有条件和机会的话，职工朋友可以再跟领导讲述一下整件事情的过程，领导会从多个角度分析和理解这件事情，帮助职工拓宽自己的认知，或者从积极的角度认知这件事情；回到家跟爱人倾诉发生的事情以及自己委屈和愤怒的情绪，爱人的安慰会让自己得到心理支持，职工负面的情绪会得到较好的处理。

长期以来，为了更好地适应生活，我们学会了眼观六路、耳听八方，对周围外在的东西很敏感，但对自己内在的身体和心理变化变得不敏感了，学着觉察自己的情绪非常重要。

三、如何更好地觉察情绪

第一种方法：学习命名情绪。心理学研究发现，准确地命名自己的感受，是提高情绪觉察能力的一个方法。加州大学洛杉矶分校的一项研究也显示，意识层面的命名能够激活大脑的前额叶皮质，而大脑的前额叶区是理性和执行区域，当采用具体的名词命名情绪的时候，例如愤怒、悲伤、委屈、嫉妒等，情绪已然进入理性的区域，负面情绪本身就得到了一定程度的缓解。

因此，给职工朋友们一个小建议。再遇到情绪控制不住的时候，例如辅导孩子写作业，总觉得写得又慢又差，就要抡起拳头的时候，暂停一下，呼吸10秒，然后问自己："我现在感受如何？"内在的声音可能会说："愤怒，这孩子太差了。"能说出这句话，相信你的拳头已然下降了一小半。然后再跟自己说："孩子真的特别差吗？我为什么这么愤怒呢？如何解决呢？"这时候你的拳头已然落下，开始走出情绪化的反应，而进入理性解决问题的阶段了。

第二种方法：正念冥想训练。并不是所有的情绪都那么容易被觉察到。例如，一些职工朋友们会说：我就是觉得身体僵硬，不舒服，而且觉得心塞，堵得慌，至于为什么会这样，或者更深入的心理体验，根本说不清楚。

这时候，可以尝试着用正念冥想的方式，持续地体验和觉察自己的情绪，找回已经丢失的情绪觉察能力。

心理学认为，情绪体验由三个部分组成：一是身体感觉，即我现在的身体感受是怎样的；二是认知成分，即我在想什么；三是行为成分，即我在做什么。

我们尝试着以正念冥想的方式，从这三个层面去感受情绪。

首先，找到一种舒服、自然的姿势，坐着或者躺着、站着都可以，将身体放松，背部和肩膀放松，感受一下你的身体状态。

其次，将注意力放在呼吸上，感受自己的一呼一吸，让呼吸自然地进行，无须控制它，花2~3分钟的时间体验自己的呼吸。

再次，身体放松后，开始体验和觉察自己的想法：现在有什么想法，现在心情如何；还想到了什么，情绪是怎样的。

最后，如果捕捉到了些许情绪，试着命名它，并试着理解它。

第四章 认识情绪：不被情绪所左右

情绪的背后：可能是未被看到的需求

有人说情绪是信使，每一封信都来自我们的内心。如果你好好地收下这封信，并且好好理解这封信，好好地关照好自己的内心，坏情绪就消失了。否则它就会一遍遍地来，直到情绪崩溃。越大的情绪，包含着越大、越重要的信息，让我们试着理解情绪背后的心理需求。

一、安全感的需求

有些情绪的背后实际是安全感未被满足，这种不安的内在心理状态就以不良的情绪表现出来。例如，有的女职工会无名地冲自己的丈夫哭闹、发脾气、愤怒，其实是担心自己留不住丈夫，既有对自己的无助感，又有来自于丈夫的不安全感。如果能够意识到情绪背后的这一心理需求，就可以安抚自己的情绪，做好自己，并且理性地向丈夫表达自己对感情的渴望；还有的职工有压抑的情绪，压抑是因为自己尚无力抵抗外在环境，暂时不敢直面冲突，从而表现出的隐忍。如果能够认清这一点，职工朋友们就能处理好自己的情绪，在能力不足时，接受自己，并继续提升自己应对环境的能力。

二、自主的需求

每个人都希望自我肯定，自己为自己做主，自己成为自己的主人，如果这种需求得不到满足，可能就会以愤怒或者嫉妒的情绪表达出来。例如，有的职工亲子冲突非常严重，孩子与父母针锋相对，甚至大打出手。孩子表现出的叛逆与愤怒，有可能是对父母过于控制的反抗。还有的职工在看到别人比自己优秀的时候，产生强烈的嫉妒心理，其本质是希望自己也优秀，也能被他人肯定。如果能够意识到这个层面，职工们就能通过自我成长和自我强大来化解自己的嫉妒心理，如果无法看到情绪背后的心理需求，可能会任由嫉妒转化为仇恨心理。

三、被关注的需求

被关注也是人的基本需求之一，缺乏一定程度的关注可能会让人觉得不安和无力，从而表现出焦虑的情绪。例如，有的职工生了两个宝宝，当其中一个宝宝觉得不被关注的时候，孩子会觉得焦虑不安，为了对抗这种焦虑，会故意哭闹、打架甚至伤害自己来求得关注。

四、社会支持的需求

人是社会性动物，每个人都希望有亲情、友情和爱情，被温暖的情感所包围。如果缺乏情感支持，就会表现出悲伤，黯然伤神。例如，在遇到亲人逝去的时候，职工朋友们会悲痛欲绝，这悲伤的背后是情绪支持的需要，这个时候，我们不要去劝说职工坚强，而是提供暂时的情感关怀，或是帮助他找到新的情感支持。

五、归属感的需求

人还需要有归属感，需要融入一个群体，在与社会的联系中生存和成长。缺失了归属感，就会有寂寞、孤独的情绪。为了排解孤独和寂寞，可能会做出极端的行为。例如，一个12岁的中学生，在一个星期内为网络主播打赏了几十万元。他的父母就是市场卖鱼的生意人，并不是家庭富裕的孩子。有人问他为什么要这样做，难道不心疼父母的钱吗？孩子说因为只有主播跟他玩。

六、成就感的需要

人还需要自我实现，需要追求价值感，觉得自己是有能力、有价值，能够得到他人尊重和肯定的。成就感缺失，会有自卑的情绪，会自我怀疑，自我否定。有的父母非常强势，一切替孩子做主，不给孩子自我成长、自我展示、自我实现的机会，孩子慢慢会变得非常自卑，不善表达，不愿展示，永远不相信自己有征服外部世界的能力，从而变得怯懦和软弱。

负面情绪的背后是心理需求，只有我们看到了这些心理需要，努力去满足这些需求，负面情绪才能被真正处理。

第四章　认识情绪：不被情绪所左右

心理困扰：可能来自不正确的思维方式

中国古代有一句话：世上本无事，庸人自扰之。意思是说很多时候，因为对事情的不正确解读使事情变得很复杂，给自己带来很多困扰。

2021 年，著名心理学家，认知疗法的创始人阿伦·贝克（Aaron T. Beck）于家中去世，享年 100 岁。他一生致力于改善全世界无数面临心理健康问题的人，凭借认知行为疗法的发展，被誉为"美国有史以来最具影响力的五位心理治疗师之一"。

贝克曾经提出一个非常重要的概念：不良的行为与情绪，都源于不良的认知。也就是说存在情绪问题的人，是因为不合理、不正确的认知和信念影响了他的整个思维模式，导致思维逻辑错误，这类错误被称为认知偏差。

贝克总结了七种主要的错误认知，分别是：

一、非黑即白的思维

又称绝对化思维，这种思维方式用两种截然相反的标准去评判事物，并且考虑事情时容易走极端。要么全对，要么全错；要么是好人，要么是坏人；要么成功，要么就是失败，把生活看成非黑即白、非此即彼的单色世界，没有中间色。这种思维过于绝对化，过于追求完美，如果不完美，那就是失败。

例如，一位考试焦虑的女孩，每到考试前就紧张焦虑到无法入睡，难以进食。在咨询的过程中得知，女孩从小懂事听话，学习成绩很好，一直被老师重视，被家长视为骄傲，经常代表学校参加各种竞赛。但到高中后，数学知识越来越难，女孩觉得力不从心，但又害怕跟父母和老师说，怕他们失望，也怕同学说她就是学渣，是假"学霸"，于是自己拼命刷题。尽管如此，在一次数学竞赛中，成绩还是很不理想。从此以后，只要一考试，孩子就极度焦虑。这个女孩的不合理认知在于：学习好，成绩好，就是父母老师喜欢的好孩子；考试失败，成绩不好，就是"学渣"，就没人喜欢，这非黑即白的绝对化思维和认知给孩子带来极大的压力，以致无法正确面对考试。

二、以偏概全的思维

又叫过度概括的思维，就是以某一件事或某几件事来评价自身或他人的整体价值；或者由一个偶然事件而得出一种极端信念并将之不适当地应用于不相似的时间或情境中。例如，一次数学考试没考好，就认为自己不擅长学习数学；一件事情没做好，就认定这个人不值得交往；离婚率那么高，所以根本就不能结婚；等等。

例如，一位职场妈妈，有段时间频繁加班，早上出门时孩子还睡着，深夜回到家，孩子又睡下了，每天和孩子交流的时间很少。于是妈妈就觉得自己不是一个合格的妈妈，没有时间陪伴孩子，孩子的成长会出现问题。但如果辞职，顾虑又特别多，于是每天都处在内疚、矛盾和冲突中，非常痛苦。妈妈就是以偏概全，认为陪伴孩子少就不是好妈妈，就对孩子的成长不利。可是看不到自己努力工作的样子，也许是孩子最好的榜样。

三、任意推断

就是在证据缺乏或是不充分的时候，便草率地做出结论。持这种思维的人，往往疑心比较重，并且总是做消极的推测，给自己带来很大的心理困扰。例如，家里很有钱的人，女儿找男朋友的时候，总是没有根据地猜测对方为了家里的钱而来；再如一个全职太太，但凡看到老公对自己的态度不好，就推断老公一定是有了外遇；等等。一位女大学生，从小父母离异，性格内向孤僻，朋友不多。上大学后，寝室同学关系处理得不好，据她描述，好几次晚上回宿舍时，本来大家都在聊天，她一回来，大家都不说话了，于是她断定舍友肯定是在议论自己，她们是在故意排挤和欺负自己。

四、个人化的思维

又称过分自责的思维，总是将不好的事情归因于自己的过失，主动为别人的过失或不幸承担责任，常常生活在自责中，影响了正常的生活和工作。例如，一位女士的爱人在上班的途中出车祸死了，事情非常突然，责任也不在她的丈夫。但女士长时间生活在自责中，觉得是自己做得不够好，如果那天早晨能多嘱咐爱人两句，可能事故就不会发生；如果平时对丈夫再好点，也许他的性格就不会那么急躁，那天也不会发生车祸；如果当初不让他开车，乘公共交通，就不可能发生车祸等，自责的心态将女士折磨到精神恍惚。

五、过度夸大和过分缩小

这种思维的特点在于往往夸大自己的失误和缺陷，而贬低自己的成绩或优点。例如，一个毕业于名校的同学，成绩很优秀，但却焦虑担心到无法入眠，怕找不到理想的工作。因为他总是觉得自己性格不够开朗，不会表现自己，甚至认为自己有轻微的"社恐"，认定面试的时候肯定无法胜出。他过度夸大了自己的一点点不足，却全然看不到自己的才华和优秀，也看不到招聘单位会更注重使用和发挥人的长处。

六、心理过滤思维

具有这种思维的人总抓住一个令人不快的细节纠缠不清，通常只注重那些与失败相关的事件，选择一些消极的细节，而忽略其他方面，这个不快的细节不时地出现在脑海中，影响自己的情绪和行为。例如，一个青春期的男孩子，非常叛逆，尤其是与父亲的关系很糟糕，父亲说什么，男孩都要反着来，父子无法正常沟通，甚至发生肢体冲突。在咨询的过程中，孩子提到他小的时候，有一次考试没考好，父亲说过他是猪。就这一细节在男孩心中留下了阴影，从此在内心与父亲对立起来。

七、贴标签思维

贴标签思维是指以一种固定的方式看待身边的人。例如，出生农村却娶了个城市的、家境优于自己的妻子，这种男人被称为"凤凰男"；从小地方考到名牌大学的人被称为"小镇做题家"；还有我们平时容易随口说到的："天生不是学习的料""你的性格不适合当领导"等。

贴标签的认知思维方式，其好处是简化思维过程，很快就能将认知对象分门别类。但其局限在于容易使自己的思维"窄化"或"僵化",从而无法全面地认知事物。贴标签还有一个危害是对自己或他人作出印象管理,从而使行为与标签逐渐一致。如果是积极的标签,那会起到积极的作用,而如果是消极的标签,则会起到消极的作用。20世纪50年代,美国加州大学的利默特(Edwin M. Lemert)教授在进行药物成瘾研究时,通过大量案例调查发现,很多年轻人的吸毒行为和社会评价有关,即"我这么干,因为我就是这种人",过早的"标签"给予他们定性导向的作用,影响了其个性意识和自我评价,使其向"标签"所喻示的方向发展。

面对不合理的思维信念，这样调整自己

很多时候，我们的心理困扰来自自己不合理的思维和信念，但是如何辨别和调整自己的不合理信念呢？

一、辨别自己的不合理信念

回忆一下最近让你觉得生气，让你觉得难过的事情，重新分析在这些事情背后，你对自我要求的不合理信念是什么。为了能更好地捕捉自己的不合理信念，可以用三栏表记录下来，逐渐发现自己的思维信念规律。

思维信念觉察表

下意识的想法和思维	不合理的信念	理性的信念
男孩对自己不忠诚	情绪化推理	让他详细地说明情况，再下结论也不迟；还有别的证据表明他不忠诚吗？怎么界定忠诚呢
爱情根本靠不住	过度概括	这只是交往中发生的一件事，也不能就此否定爱情；什么才是靠得住的爱情呢？我是他生活中的全部才是吗？这肯定做不到，那么真正的爱情应该是怎样呢？应该是相互独立又相互爱慕吧
天下没有美好的爱情	非此即彼，绝对化	看看我周边的人，有人拥有美好的爱情吗？还是有的。他们的爱情是怎样的呢？我看到的是他们爱情的全部吗

二、验证法

不轻易认为自己的想法就是正确的，而是要验证这个想法是否属实。例如，工作没做好，被老板批评了，就觉得自己太笨了，工作总是做不好。这个时候，验证一下自己的想法，是自己所有的事情都被否定了吗？有些方面还是被认可的，只是这一次的事情没做好而已。还如，对面碰到了同事，跟同事打招呼，但同事没理睬自己，于是觉得肯定是自己哪里得罪同事了，或者自己是个普通员工，同事看不起自己等消极悲观的想法。这种情况下，可以再找机会与同事接触一下，以验证自己的想法是否正确。

三、反向证明法

如果出现了消极的思维，可以举个反向的例子，证明自己的想法是否准确，是否出现了绝对化思维或者是概括化思维。例如，夫妻间经常争吵，直到觉得"三观"不合，根本过不下去了，必须离婚。这个时候，反向问一下自己：结婚这么多年，有"三观"一致的时候吗？那个时候双方是如何思考问题和解决问题的呢？为什么现在却做不到呢？原因出在哪里？

四、灰度思考法

很多事情不是只有0和100两个分数，这个世界也不是非黑即白，棱角分明的，大部分的事情都是处于黑与白之间的灰色空间。因此，我们认识事物也要抛弃绝对化的简单思维，以包容与妥协，求得事物的和谐与发展。例如，很多大龄青年说：我要么找一个特别满意的人，要么不结婚。这种思维给很多人带来了困扰，因为拿"特别满意"的所谓标准去衡量一个人的话，大部分情况下不会百分百满意。人性是很复杂的，人格也是在发展和完善的，无法以"黑"或"白"来衡量与定义，婚姻生活就是以"灰度思维"为指导，彼此包容妥协，相互理解并相互塑造。

再如，当下流行的一句话：躺又躺不平，卷又卷不动。在激烈的竞争面前有无助感，想躺平；但消极躺平又会空虚和焦虑，没有安全感，不能满足自我实现的需求，一会儿躺下一会儿起来，或者身体"躺平"什么都不做，但是精神"躺不平"，一直在焦虑。那怎么办呢？我们需要辩证、弹性地看待竞争焦虑，需要在努力改变自己和接纳平凡的自己之间寻找平衡，需要在当前躺与卷之间找到属于自己的目标和节奏。

五、明确定义法

有的时候，我们特别容易给别人贴标签，也特别容易给自己贴标签，贴标签的同时，就意味着我们的思维停滞了，这可能会影响进一步的思考和解决问题。因此，一旦对某个人或某件事下定义或贴标签后，我们不妨再深入地思考一步：这个定义符合实际吗？例如，有的中学生出现厌学、沉迷游戏、叛逆、不与家长沟通等现象，家长特别容易地下定义、贴标签：青春期叛逆。但事实上，如果深入了解，会发现很多孩子的异常行为背后有着更深层次的需求，可能是学习压力过大，可能是与家长沟通不畅，也可能是同学关系处理不好，等等。但很多家长一旦贴了青春期叛逆的标签，就采取了等待的措施，认为等过了这个年龄，问题就自然解决了，从而错失了引导孩子的机会。

六、利弊分析法

在现实中，很多的焦虑和抑郁都来自心理冲突，既想这样，又想那样；既不想失去这个，也不想失去那个，于是就陷入焦虑中，造成情绪内耗。例如，孩子是该出国，还是该在国内考重点高中，各有利弊，需要根据家庭和孩子的具体情况，作利弊分析，确定一个相对清晰的目标。

情绪归因：伤害你的可能是解释风格

先给职工朋友们举个特别常见的例子：昨天晚上给领导发了个汇报工作的微信，结果领导迟迟未回复。心情因此变得忐忑不安，于是开始琢磨：一种情况觉得领导肯定是对自己工作不满意，所以不愿意搭理，那么明天该如何面对领导呢？结果一晚上可能就失眠了；另一种情况领导大概晚上有别的事情，没时间回复，我也别打扰他了，明天一早去当面沟通一下。这么一想，应该晚上能睡得很香，并且第二天信心满满地去工作。

这中间的区别就在于对这个事情的理解与解释。

一、情绪归因理论

我们先说说归因理论。

美国著名的心理学家海德认为每个人都有两个强烈的动机：一是形成对周围环境一贯性理解的需要；二是控制环境的需要。为了满足这两种需要，人们必须对他人的行为进行归因，并且经过归因来预测他人的行为。每个人都有试图解释行为并且从中发现因果关系的心理需要。正如上面的案例，领导未回复信息，我们自然而然地会根据其人格特质和行事风格，以及周围的情境因素等，对事件进行一个原因分析和推论。

心理学家海德对归因做过一个简单分类：一类为内部归因，比如情绪、态度、人格、能力等稳定的、不易改变的因素；另一类为外部归因，比如外界压力、天气、情境等不稳定的，通过努力可以改变的因素。

我们再说说情绪归因理论。

情绪归因理论是由美国心理学家 S. 沙克特和辛格提出的。该理论认为，个体的情绪体验源于情境刺激引起的生理变化以及个体对其生理变化的认知性解释。其中个体对其生理变化的认知性解释是情绪的决定因素。

心理学研究发现,归因对情绪有重要影响,如当人们将成功的结果归因于能力、努力等内部原因时,会体验到自豪、自信、自我胜任、自我满足等;如果人们将失败结果归因于那些稳定的或不可改变的原因时,就会有失望、焦虑,甚至自暴自弃等情绪体验。

因此,职工朋友们研究自己的归因方式,也是调整情绪的重要方法。

二、归因偏差

在实际生活中,我们每个人都会有意无意地进行不正确的归因,常见的归因偏差有:

1.行为者与观察者归因偏差。

也就是说对于同一个行为,行为实施的人往往强调外部情境的因素,作外归因;而旁观者则容易强调行为实施人的内在因素而忽略外在情境因素。

例如,有职工升迁很快,他本人会觉得是自己努力工作的结果,而外人则容易归因于其运气好、背后有人脉等。形成这种偏差主要是双方所站的角度和出发点不同,行为者本人强调自己的内在因素,而旁观者却更多看到且归因于外部的因素。

2.利己主义归因偏差。

也就是说人们一般对良好的行为或成功归因于自身,而将不良的行为或失败归因于外部情境或他人。例如,考试成绩好,是因为自己努力和奋斗的结果,而成绩不好,是因为卷子太难或老师判得太严格等。出现这种偏差的原因是每个人都有维护自身价值和自尊心的内在倾向。

3.其他导致归因偏差的因素。

例如迷信、宿命论、行为者的社会地位、长相及性格差异等。比如"谋事在人,成事在天"就是将成败归因于外在的神秘力量;将富二代的成功归因于家庭背景殷实等。

三、规避归因偏差

归因是一种非常重要的思维能力,也决定着一个人的认知水平,因此职工朋友们要不断地加强学习,规避归因偏差,提升认知能力和逻辑思维能力。

1. 避免浅层归因。

就是能够试着从现象看到本质,不只在表面寻找原因,不轻易给事情下结论,给他人贴标签,给自己找理由。例如,同事晋升了,就归因为跟领导关系好;孩子成绩不好,就归因为基因不好,天生不是学习的料;自己业绩不突出,就归因为学历不高等。这些浅层次的归因无助于解释问题和解决问题,只增加了职工的无助感、焦虑感和压力感。

2. 避免单纯的外部归因。

在解释自己的行为时,既能找到外部原因,肯定自己的价值感,又要直面内在原因,接纳自己的不足,找到进步的方向和空间;既不一味地怨天尤人,强调客观原因,也不盲目地回避内在原因,错失了成长的机会。例如,竞争失败了,既能看到外部竞争的激烈,又能承认自己还有不足之处,从而获得内心的平衡和成长。

3. 避免片面归因。

只用某一个方面的原因解释一个复杂的事情与现象,并且深信不疑,以偏概全。我们需要多角度考虑问题,多视角分析问题;有时候需要换位思考,站在他人的立场思考问题。

4. 避免消极归因。

总是看到事物阴暗、消极的一面,而看不到积极、阳光的因素。对自我进行积极归因,以维护自我的价值感,消解对自我的不信任感和怀疑,促进自我的持续努力;同时对他人做善意的揣测,尽量理解他人的行为,考虑到他们所处的环境因素,对他人的失败给予理解和谅解,获得良好的心理状态。

第四章 认识情绪：不被情绪所左右

情绪调节的几个好办法

当职工朋友们遇到挫折，情绪低落，心情不好时，试着用一些方法主动调节自己的情绪，让自己释怀，让情绪释放，不将负面情绪长久积压。

一、正确积极的归因

心理学认为，有时候决定情绪的是人内心的解读，而不是事情本身，对事情的不同解读和归因可能带来完全不同的情绪体验。例如，走在路上遇到熟人，趾高气扬地从身边飘过。如果恰逢你在人生低谷，或遇有挫折，你会非常容易归因于对方故意疏离你，看不起你，甚至可能是落井下石，从而恼怒、郁闷、烦躁。但可能会有很多原因，例如熟人正在接听电话没有看见，有急事要办，或者脑中在想着其他更重要的事情等。生活中，有意识的善意和积极归因，是保持良好心态的一个方法。

二、改变认知方式

不良认知也是带来负面情绪的重要原因，很多时候，我们的情绪困扰来自错误认知，改变纠正不良的认知和思维方式，是非常重要的情绪调节的方法。例如，自我否定的认知和思维方式，成绩不好，是自己太笨；工作不好，是自己能力不足；朋友不多，是自己没有魅力；恋爱失败，是自己不值得被爱，甚至都不值得活在这个人世间等。无论遇到什么事情，不去正确客观地分析事实，自动化地自我否定，给自己带来极大的心理伤害。因此，能够主动调整自己的认知模式，善于从光明的方向和角度看待问题，就可以减弱或消除不良情绪，保持情绪和心态的平衡与稳定。

三、善于疏泄情绪

台湾作家罗兰曾说:"情绪的波动对有些人可以发挥积极的作用,那是由于他们会在适当的时候发泄,也会在适当的时候控制,不使它们泛滥而淹没别人,也不任他们淤塞而使自己崩溃。"从心理健康的角度讲,过分压抑自己的情绪只会使情绪困扰越来越沉重,范围越来越大,直到遇有导火索的时候,以更为激烈的方式爆发出来。因此,情绪宜疏而不宜堵。情绪疏泄的方式包括找父母或贴心的朋友,敞开心扉,倾诉表达,掏空负面情绪,找回积极力量;或者听符合自己情绪或心境的音乐,让情绪随着音乐流动起来,在音乐的陪伴下悲伤流泪,自我安慰,自我对话,自我调整;或者听积极有力量的音乐,让音乐带动驱赶疲惫和消极的情绪,从而找回积极乐观的状态等。

四、积极的自我暗示

积极的自我暗示也非常重要,运用内部语言或书面语言的形式调节自己的情绪。心理学研究发现,暗示对人的情绪乃至行为有着奇妙的影响和调节作用,既可以松弛过分紧张的情绪,也可以激励自己,并且可以调整情绪。例如,情绪激动的时候,默默地告诉自己:冷静,不能冲动;情绪低落的时候,悄悄地告诉自己:时间是治愈生活的良药,只管做好自己,一切都会过去的;情绪紧张的时候,告诉自己放松一点,没有那么可怕;情绪压抑的时候,告诉自己,我要做最好的自己等。

五、呼吸放松调节法

首先,找一个合适的位置站好或坐好,身体自然放松。其次,慢慢地吸气,吸气的过程中感到腹部慢慢地鼓起,到最大限度的时候开始呼气。呼气的时候感觉到气流经过鼻腔呼出,直到感觉前后腹部贴到一起为止。随着呼吸,将注意力从纷扰的外界拉回来,关注自己的呼吸,关注自己的身体和情绪,在内心慢慢平静的时候,做情绪的觉察和评估,调整自己的心理状态。

六、音乐调节法

借助于音乐的节奏、律动和情绪色彩来控制自己的情绪状态。例如,紧张疲劳的时候,听甜美、轻缓、柔和的音乐,解除肌肉紧张,消除疲劳;情绪压抑的时候，听一些悲伤的、低沉的、伤感的音乐，能引起共鸣，让情绪伴随着音乐流淌和释放；情绪懈怠的时候，听激动人心的、情绪高昂的音乐，给自己赋予力量；情绪焦虑的时候，听轻松欢快的音乐，调节自己的焦虑感受。德国著名哲学家康德说："音乐是高尚、机智的娱乐，这种娱乐使人的精神帮助了人体，能够成为肉体的医疗者。"

七、升华调节法

这是一种高级的情绪调节方法，就是将消极的不良情绪转化为积极有益的行为，化悲痛为力量。例如，奥地利著名心理学家阿尔弗雷德·阿德勒写过一本非常著名的书《自卑与超越》，书中通过深入剖析与研究每个人生命中的一系列自卑、不足情结，提供了克服自卑心理，从而化自卑为动力、不断超越自己、追求优越、实现个人与社会和谐发展的有效途径。生活中这样的案例很多，比如有的人失恋后非常痛苦，于是将痛苦转化为努力，在事业上取得了成功；还有的人残疾，为了消除自卑情绪，努力在音乐、绘画等方面发展，并取得优异的成绩；还有的人事业发展不顺利，为了化解失落的情绪，开始经营家庭，培养孩子，在另外的领域获得精神的满足等。

倾诉衷肠应该注意这几点

倾诉是宣泄压力的有效方式之一,找一个好的倾诉对象,将心中的压力、苦闷等负面情绪宣泄倒空,再去直面困难和挑战,是缓解不良情绪、恢复心理平衡、保证心理健康的有效方式。但倾诉不是简单任意地发泄情绪,如果不注意方法,可能你的倾诉不仅帮不到你,还会加深你的压力感、焦虑感和抑郁感。

一、倾诉的意义和作用

我们想通过倾诉解决什么问题呢?

1. 宣泄不良情绪。

当不良情绪拥堵在胸中的时候,如果不被表达和宣泄,又得不到及时地处理和解决,长期的压抑会影响心理健康,找一个安全的地方,跟朋友倾诉衷肠,说出自己的苦闷,倾倒自己的不良情绪,是处理压力的好办法。

2. 探寻答案。

倾诉可能不仅仅停留在宣泄不良情绪上,还能通过沟通、交谈来探寻心理困扰的原因,甚至还可能找到解决办法。通常在我们焦虑烦闷的时候,大脑像是被一团乱麻缠绕着,理不清思路。在跟朋友倾诉的时候,也是慢慢梳理自己的感受和想法的过程;朋友在倾听过程中的提示和引导,可能会让自己醍醐灌顶,打开心中的谜团。

3. 获取支持。

好的倾听者不仅有耐心,愿意接纳对方的不良情绪,同时还能理解对方的情绪,懂得对方被何所困,为何所困。好的倾听者还能通过谈话启发和引导诉说者的思维，给对方极大的帮助。《三联生活周刊》曾刊载过一篇访谈文章，"好好住"家居家装决策平台的创始人冯聪在接受采访时说：他认为自己比同龄人有主见，有稳定的自我，这一特质让他战胜了创业路上的很多困难。其中有一个重要的原因是他的母亲是他最主要的倾诉对象。因为母亲是记者，在倾听的过程中，母亲会做非常重要的两件事，一是问问题，一个人在想不通的时候，非常需要有人在旁边提问，能问出非常好的问题帮助他探索内心，把一件事情想清楚；二是会讲她以前的采访对象的故事，给他以启发。[1]

二、如何有效地倾诉

有不良情绪时，向朋友倾诉是非常好的宣泄办法。但是，心理学者们认为，如果倾诉不当，不仅达不到改善心理状态的作用，还可能会使负面情绪传染和蔓延，诱发其他的心理问题。

1. 寻找合适的倾诉对象。

家人、同学、朋友、心理咨询师都可以成为倾诉对象，但好的倾诉对象应该有如下特点：值得信赖，愿意倾听你的痛苦和不幸，并且愿意保守秘密，保护你的隐私；有共情能力，能够理解你的痛苦和困扰，给予你情感支持；能够给予启发，良好的倾听者不是简单地做情绪的垃圾桶，仅仅同病相怜，而是有能力给予你新的思维角度和认知方向，能够启发你重新认识自身的心理困境。如果倾诉只是两个人共同一遍遍"反刍"消极事件和消极情绪，负面情绪的浪潮就会越翻滚越汹涌，最终形成旋涡，将两个人都卷入其中，难以挣脱。因此，职工朋友们在有不良情绪的时候，找朋友倾诉这个方式特别值得提倡，但要找一个更合适、相对专业的倾听者，效果可能会更好。

2. 倾诉是为了更好地成长。

职工朋友们一定还记得鲁迅笔下的经典人物形象：祥林嫂。在第二任丈夫贺老六和儿子阿毛去世后，她逢人便讲述同样的故事："我真傻，真的。我单知道雪天是野兽在深山里没有食吃，会到村里来；我不知道春天也会有……"

---

[1] 《三联生活周刊》，2022年第16期。

人们对她从同情到嫌弃，最后避之不及。

祥林嫂式的倾诉不是我们提倡的倾诉方式。倾诉的目的不是简单的讲述、倾倒和宣泄，更是为了获取帮助，获取成长。每个人都是自己的心理医生，在遇到压力、挫折和心理困境时，首先需要自己做觉察和评估，到底自己的压力可能来自哪里，自己是如何看待的，自己能否解决这些问题，带着这些思考，在倾诉的过程中，才会有所收获，才是高质量的倾诉。如果情绪只停留在发泄的层面，这只是负面情绪暂时的转移，思维仍然没有走出原来的怪圈，认知仍然停留在原来的水平和范围，问题没解决，思想没升华，状态没改善，负面情绪还会回来。

3. 理性客观地表达自己。

我们往往是为情绪所困时才会想到倾诉，因此倾诉时容易带有明显的主观色彩和情绪眼镜。为了高效地寻找到答案，倾诉时要尽量做到理性客观。一方面，客观地描述事实。压力带来的焦虑、恐惧等心理使得我们容易将问题严重化、极端化。但在倾诉时，尽量客观地描述自己的状态和面临的事实，不刻意夸大事实，也尽量不隐瞒事实。另一方面，完整地描述事实。我们往往对最困扰的部分思考了太多和太久，停留在百思不得其解的部分走不出来，描述的时候，容易反复强调，反复述说。要尽量将事件描述出来，让被倾诉者从另外的角度帮助分析和思考问题。最后，要注重沟通。在倾诉的过程，不时地问问倾听者的意见和想法，相互沟通，能够得到更多的启发。

第四章　认识情绪：不被情绪所左右

情商：情绪识别和管理的能力

近些年，"情商"一词相当流行。如若说一个人情商高，总是会被高看一眼；但若被说是高智商低情商，其形象总是大打折扣。相信职工朋友们也都想做个高情商的人，那么我们今天来了解一下什么是情商，以及如何提高情商。

一、关于情商的几个误解

关于情商这个概念，有几个误解需要跟职工朋友们澄清：

1.情商与智商平行或对立。

因为成功=20%的智商+80%的情商，导致很多职工朋友认为情商和智商是完全平行或对立的两种能力。智商是解决问题的能力，情商是管理情绪的能力，高智商有利于情商的培育，高情商有助于智商的提升，两者没有严格的界限。因此我们既可以在提高智商的同时学习提高情商，也可以在改善情商的过程中注重提高智商。

2.情商就是处事圆滑。

还有的职工朋友认为高情商的人就是能说会道，左右逢源，八面玲珑，处事圆滑的职场老油条。很多职工朋友们也刻意在此方面练习和提高，但这个过程又因违背内心、本性而变得痛苦。实际上，情商远不是人情世故，其本意非但不是放弃自我而顾及其他，更不是违背本心而刻意讨好别人。相反，情商恰恰是了解和觉察自我情绪，调整好自己的情绪，做一个情绪稳定及自我稳定的人。

3.情商就是性格外向。

还有性格内向的职工朋友认为，情商高的人都是性格外向的人，他们善于交际，擅长言辞，在人际关系中游刃有余，而性格内向的人注定不是高情商的人，因此放弃了在这方面的尝试和探索。实际上，内向与外向性格的人各有利弊，外向型的人主动与人交往，处理人际关系效率较高；而内向型的人更敏感和善于观察，更容易捕捉自己和他人的情绪，更容易与他人共情。因此，我们每个人都可以做更好的自己。

4. 情商就是善于揣测。

还有的职工认为高情商就是善于揣测人心，能够通过别人的一言一行，精准地揣测其内心世界，并且投其所好，说对方爱听的话，做讨对方喜欢的事，因此有良好的人际关系。情商的确包含觉察和识别他人情绪的能力，但这只是为了能够关照到他人情绪，满足他人的心理需求，从而获得良好的人际互动。这与刻意揣测人心，刻意讨好别人有着本质的区别。

二、什么是情商

1995年，美国记者戈尔曼出版了《情商》一书，"情商"一词随即风靡全球，引发了人们的普遍关注和热情。戈尔曼认为情商特别重要，他在书中写道：一个人的成功，只有20%归于智商，80%归于其他因素，尤其是情商。其实中国人也是特别看重情商的，比如我们都听过一句话："做事之前要先做人"，做事就是运用智商解决问题，而做人就是运用情商处理人际关系。

情商的内容主要表现在以下四个方面：

1. 了解和调节自我情绪的能力。

就是能够较准确地认识自己的情绪，具有良好的自制力。高情商的重要表现之一就是情绪稳定且乐观，行为稳重且得当，给人以舒适的感觉。能够了解自己的情绪，并且知道调控情绪，不让情绪左右自己的行为，不会为坏情绪买单，甚至能将坏情绪升华为好情绪，始终保持情绪和行为的得当。如果你身边有一个每天乱发脾气、情绪阴晴不定的人，你一定不会认为他是个高情商的人。

有这样一个故事。昔日寒山问拾得："世间有人谤我、欺我、辱我、笑我、轻我、贱我、恶我、骗我，如何处治乎？"拾得说："只要忍他、让他、由他、避他、耐他、敬他、不要理他,再待几年你且看他。"寒山问:当被人误解、侮辱、欺骗的时候,该怎么办?怒气冲天地打回去,还是委曲求全地忍让着?这两种方法都不是最好的办法。拾得说:避开他,让着他,由着他,不与其纠缠,时间自会惩罚他。有了这样待人处事的智慧,心态和情绪自然能够平静、坦然和稳定了。

在中国历史上,司马懿被称为是最具隐忍能力的情绪管理高手。司马懿跟随曹操南征北战,辅佐曹魏三代君主,可谓功不可没。在《三国演义》第一百零三回中,诸葛亮六出祁山与司马懿交锋。面对诸葛亮强劲的势头,司马懿深沟高垒,闭门不战。对于诸葛亮的多次挑衅、羞辱,司马懿选择了忍气吞声。后来,诸葛亮派人给司马懿送去了"巾帼",还有一封信。司马懿看到这些女子所用的衣物,还有一封嘲笑他是女人不敢出战的信,没有动怒,反而是笑着说,"孔明视我为妇人耶?"即便再三羞辱,司马懿都能明察对方的目的,明确自己的目标,不因恼怒的情绪做出错误的决策。

2.识别他人情绪的能力。

高情商的人能够准确地觉察他人的情绪,理解他人的态度,照顾他人的心理需求。这种能力非常重要,因为内心和情绪的理解是更深层次的理解,从而能获取深层次的认同和情感共鸣,最终建立稳固和谐的人际关系。

例如,很多女职工苦恼于婆媳关系处理不好,如果能够有效运用这种情绪觉察和识别的能力,对自己会非常有帮助。一位职工说自己每天上班很累,可晚上一回到家,就看到婆婆苦着个脸,时不时地,婆婆就说不想带孩子了,太累了。女职工特别气愤,觉得婆婆太不懂事了,不知道心疼自己和爱人,每天拿带孩子威胁自己,要不是实在找不到合适带孩子的人,真想现在就赶她走。

如果女职工能够识别婆婆的情绪,理解老人求关注、求肯定、求认可的心理需求,她只是想让儿子和儿媳肯定和承认自己的付出与辛苦。女职工只要每天调整好自己的心情,真诚地跟婆婆说一句:"妈妈辛苦了,没有您,我们真是不行",也许问题就解决了。这种家长里短的事情,如果不在读懂情绪和心理需求的基础上,只凭道理去解决问题,效果往往并不是很好。

3. 自我激励的能力。

就是在人生受挫时,能够调整好情绪,保持自我激励的能力。俗话说"人生不如意十之八九",每个人在成长与发展的过程中,都有可能遭遇挫折与失败,重要的是如何在挫折和逆境中进行自我激励,重拾前行的信心与勇气。

在我们中国共产党的历史上,毛泽东主席为新中国的成立做出了开天辟地的历史贡献,是伟大的政治家、军事家。他一生的奋斗历程可谓跌宕起伏,多次被同行误解、排挤,并且几次失去了领导权。但在每次人生低谷中,他都没有轻言放弃,没有负气盲动,更没有一蹶不振,而是凭借着信心、勇气和智慧,一次次走出低谷,走向胜利。

为什么在成功的决定因素中,情商占到80%?因为没有人能随随便便成功,没有人一路坦途,一路顺风,很多人在途中退出了赛道,能够在逆境中崛起,走到最后的才是成功者。

4. 处理人际关系的能力。

高情商的人在处理人际关系时,一是能管理好自己的情绪,不轻易抱怨,不惯于指责,不高高在上,不卑微讨好,与人友善而平等地相处;二是能理解和洞察别人的情绪,能关照和满足别人的心理需求,能与别人产生共情,能让对方觉得肯定、温暖和尊重,愿意与之相处;三是能与对方良好沟通,能倾听他人的意见与心声,理解他人的诉求与需要,表达自己的真诚与建议,以沟通解决问题;四是能包容与接纳,能包容他人的不同之处,接纳他人的不足之处,以积极的心态与眼光看到他人的长处,减少交往中的摩擦,促进交往的质量。

心理学名言

一年中的夜晚与白天数量相同、持续时间一样长。即使快乐的生活也有其阴暗笔触，没有"悲哀"提供平衡，"愉快"一词就会失去意义。耐心镇静地接受世事变迁，是最好的处事之道。

——卡尔·荣格

在焦虑的情形中，危险感是由内在的心理因素所激发和夸张了的，无能为力的感觉也是由个人自己的态度所决定的。

——卡伦·霍妮

我们每个人都有不同程度的自卑感，因为我们都想让自己更优秀，让自己过更好的生活。

——阿尔弗雷德·阿德勒

第五章

人际关系：一个好汉三个帮

第五章 人际关系：一个好汉三个帮

人际关系：比想象的更重要

有一些职工朋友喜欢过"宅生活"，独来独往地上班、下班、工作、生活，上班不与人多说话，下班窝在家里清静，不为人际交往所累。但往往事与愿违，孤独和寂寞总是让人难以承受的。人真的离不开关系，因为关系是人的基本需要。

一、人际交往与身体健康

有这样两个心理学实验：

1959 年，美国心理学家沙赫特进行了一项隔离实验。沙赫特以每小时 15 美元的酬金招募被试者到他设计的一个小房间里去住。这个小房间是一个封闭的空间，里面有一桌、一椅、一床、一马桶、一灯，除此之外，没有报纸、电话和信件等其他物品，也不让其他人进去，三餐有人送，但不和里面的人接触。总之，这个小房间与外界隔绝。有 5 名大学生参加此实验，其中有一个人待了 2 个小时就受不了，要求放弃实验；三个人待了两天；只有一人待了 8 天，这个人出来后说："如果再让我在里面待一分钟，我就要发疯了。"

还有一个实验：1995 年 7 月，40 岁的意大利探险家蒙塔尔只身下到一个 200 米深的洞穴，独自生活一年。洞穴里设施完备，有足够的食物，有卧室，有卫生间，甚至还有一个小小的植物园，但没有人事纠葛。一年后，当他出来的时候，体重减轻了 21 公斤，脸色苍白，反应迟钝，弱不禁风，大脑混沌，情绪低落，说话结巴，很多词汇都忘了，与原先的他判若两人。后来他说："我一个人在洞中生活，孤独得快要发疯，甚至好几次都想到自杀。我现在明白了，人只有与人在一起时，才能享受到作为一个人的全部快乐。过去，我喜欢安静，常倾向于独处，现在我宁可选择热闹，而不要孤寂。这场实验使我明白了一个人生的奥秘：生活的美好在于与人相处。"

人是社会性的动物，在与人的交往中相互学习，相互支持，如果脱离了人际交往，长期的孤独和寂寞会使人产生恐惧和忧郁等不良情绪，严重影响人的身体健康，人需要在与他人或群体的有效交往中寻求归属与互爱。[①]

二、人际交往与心理健康

人际交往也是心理健康的重要保障。美国著名心理学家马斯洛认为，人生来具有社会性，需要被人爱，也需要付出爱，在爱与被爱中得到尊重，也学会尊重别人，消除孤独和寂寞感；人还需要归属感，需要被团队或组织所接纳，拒绝被排斥和孤立，消除由此带来的不安全感。

马斯洛还认为，人际关系的不和谐是心理疾病的主要根源，而心理疾病的治疗也依赖于良好的人际关系的建立。他认为，很多的心理困扰，甚至心理疾病就是因为没学会与他人建立良好人际关系，内心没有归属感和安全感，得不到别人的尊敬与认可。同样，心理状态的改善，其基本原理在于基本心理需要获得满足，形成良好的人际关系，有来自朋友、伴侣、父母、同事的爱和心理支持。

新精神分析学家霍妮认为，神经症是人际关系紊乱的表现。人类的心理病态，主要是由于人际关系失调而来的。也就是说，人际关系紧张的人，不但事业会受阻，而且因心情不好会陷入极大的痛苦之中。

如果一个人长期缺乏与别人的积极交往，缺乏稳定的良好人际关系，那么这个人往往有明显的性格缺陷，常常表现为压抑、敏感、自我防卫、难以合作等特点，情绪的满意程度低。心理学家也从不同角度做过大量研究，结果表明，健康的个性总是与健康的人际交往相伴随的。心理健康水平越高，与别人的交往就越积极，越符合社会的期望，与别人的关系也就越深刻，他们往往可以很好地理解别人，容忍别人的不足和缺陷，能够对别人表示同情，具有给

[①] 来自《青春交院》微信公众号，2021年6月15日。

人以温暖、关怀、亲密和爱的能力,因此,人际关系也关乎我们的人格成长与健全。

三、人际关系与幸福感

今天,在物质生活得到基本满足后,我们都追求生活的幸福感,但幸福感来源于什么呢?

美国著名的积极心理学家塞里格曼在《持续的幸福》一书中提出过一个观点:一个人想要获得真正的幸福,至少需要5个要素,即感知积极情绪、专注投入、良好的人际关系、明白自己人生的意义及有所成就。其中良好的人际关系是幸福的重要因素,积极的人际关系,提供了一个有助于个人安全感的支持系统。良好的人际关系可以缓冲我们生活中的不幸和痛苦,让我们变得快乐;而不良的人际关系则会放大我们生活中的不幸和痛苦,让我们更加不幸。因此,与那些离群索居的人相比,和亲朋好友关系更近的人更加长寿快乐。

有一项心理学研究结果发现,社会联系跟健康有关,如能够与家庭、朋友以及社区建立更多的社会联系,就比社会联系较少的人更加快乐、更加健康、更加长寿;孤独对健康有害,不想孤独的人如果老是孤独着,就会不快乐,中年之后健康水平会下降,脑功能会快速减退,寿命也会比合群的人短;人际关系质量很重要,生活在冲突当中,婚姻关系充满了吵架,将会严重损坏你的健康,而温暖的人际关系可以起到健康保护作用,在五十岁时对自身人际关系感觉非常满意的人,在八十岁时也最为健康;良好的人际关系可以保护大脑,拥有让人感觉安全、可以依赖的人际关系,其记忆可长期保持清晰,总是感觉无依无靠的人,其记忆力会过早衰退。[①]

想想看,如果我们在单位有领导关照,有同事问候;在家里有爱人关心,有孩子陪伴;在外面有朋友聊天,在内心有老人、孩子寄托情感,这可不就是人间幸福吗?

---

① 梁海秋:《心血管病防治知识(科普版)》,2017年第13期。

四、人际关系与事业发展

有这样一组数据：一个人获得成功的因素中，85%决定于人际关系，而知识、技术、经验等因素仅占15%。有调查显示：某地被解雇的4000人中，人际关系不好者占90%，不称职者占10%。

为什么呢？因为得道多助，失道寡助，一个好汉三个帮。有良好的人际合作能力，就能获得更多的人际支持和帮助，一方面弥补自己知识、技能和能力的不足，另一方面帮助自己更加全面地成长和发展。最后，在遇到困难和挫折的时候，凭借良好的人际沟通能力和平时的情感积累，获得必要的支持，帮助自己走出困境。

人际关系的技巧：不是八面玲珑而是真诚

我经常听到有些职工朋友说，身边的某些人天生是人际关系的高手，他们性格开朗，八面玲珑，总是能赢得别人的喜欢，而自己却相形见绌，对人际交往能力没有信心。但心理学研究却认为，高质量的人际关系，其主要影响因素是真诚，而不是灵活和投机。

一、真诚是人际关系的主要原则

1968年，美国心理学家安德森开展了一项颇为有趣的调查。安德森筛选出500个描述人的个性品质的形容词组成了一张调查表。所有参加调查的人都需要在这张"词单"调查表上选出自己最喜欢的品质，之后再选出自己最厌恶的品质。

调查数据经统计分析后发现，被调查者最喜欢的8个形容词中，有6个是与"真诚"相关的，分别是真诚、诚实、忠实、真实、信得过、可靠；而撒谎、虚伪、作假和不老实是他们最厌恶的品质。也就是说，真诚最受人欢迎，不真诚最令人厌恶。

为什么人们更喜欢真诚的人呢？

1.真诚会让人产生安全感。

因为真诚，人们感觉交往是安全可靠的，这种安全感会让人产生信任感。如果对方感觉不到你的真诚，就会下意识地产生不确定感，本能地担心你会对他造成伤害，进而感到焦虑和不安，并长期处于高度自我防备的状态，最终影响交往质量。只有真诚，人际关系才能够长久地、高质量地存在和发展。

2.真诚可以提高人际交往效率。

职工朋友们经常会说与人相处太累。累从何来呢？来自彼此不能坦诚相待，彼此掩饰、猜忌、刻意维护，甚至算计和伤害。如果彼此能够真诚地相处，不用伪装自己，不必以讲假话来维护人情，不必掏空心思地琢磨他人来迎合和讨好他人，人际关系的效果大大提高，相处也就不那么累了。

3.真诚的人有着真诚的微笑。

心理学研究也表明，真诚的人通常有着真诚的微笑。这种微笑可以给他人留下积极的印象，相较于虚伪微笑的人，有着真诚微笑表情的人会更有吸引力、更讨人喜欢、更值得信赖、更想与之合作。甚至有心理学家研究发现，有真诚表情的面试者在与工作相关的特征上和个人相关的特征上都会得到较高的评价，也就是在工作面试中更有可能被录用。

二、什么是人际交往的真诚

其实，真诚的人际关系不取决于别人，而取决于自己。交往先是一种态度，然后才是能力，只要自己真诚处事，真诚待人，就可以获得简单良好的人际关系。纵然他人多么计较，我自坦然待之，世界也会因为自己的简单而变得简单。

那么，怎样的人际交往算是真诚的人际交往呢？

美国著名的人本主义心理学家罗杰斯认为，真诚是人际交往中最重要的基础。真诚就是和谐一致，是指一个人在与人交往中尽可能从自己的真实体验出发，而不是为了某种需要而掩饰自己。

罗杰斯说："如果我与人接触时不带任何掩饰，不企图矫揉造作地掩盖自己的本色，我就可以学到很多东西，甚至从别人对我的批评和敌意中也能学到。这时，我也能感到更轻松解脱，与人也更加接近。"反之，如果不能表现真实的自我，就会产生种种消极的体验。如果长时间压抑自己对他人的真实看法，往往会招致意想不到的后果。

人际关系中的真诚应该有三个方面的内涵：一是清楚知道自己真实的想法和感受；二是真诚交往，也就是罗杰斯所讲的，按照真实的意愿与人相处，而非迫于社会环境的压力；三是真诚的行为，表现为与他人建立坦诚的关系，不虚与委蛇，并且在与同事的沟通中表现出坦诚。

三、如何真诚地处理人际关系

1. 真诚地对待自己。

有一位刚入职的女职工，因为怕人际关系紧张，怕被同事孤立，总是刻意讨好大家。在工作中表现得很好说话，基本不拒绝别人的请求。但令她苦恼的是身边的人依旧对她不那么认可，不冷不热，女职工因此很苦恼，觉得好累，明明自己很热情，什么都替别人着想，但怎么还是处理不好人际关系呢？

这位职工在人际交往中没有做到对自己诚实，因为对人际关系过于焦虑，一方面掩饰了自己的真实想法，对于他人表现得讨好和取悦，给人以自卑和不自信的形象，换来的不是尊重，而是轻视；另一方面掩饰了自己的真实状态，对于他人的请求，无论自己有无困难，都毫不拒绝地接受，貌似方便了他人，但自己心生委屈和压抑，内心会非常痛苦。人际交往的前提绝对不是迷失自我，而是真诚于内心。

2. 照顾他人的面子。

有的职工朋友们会顾虑，过于真诚，就是直肠子，有一说一，这样一定会得罪人，根本换不来好的人际关系。很多时候，为了维护对方的面子，促进和谐的人际关系，我们会在交往中不直接表达出来，即看破不说破，或者不直接表达清楚，即语东话西、拐弯抹角。于是，我们都懂得一句话：锣鼓听声，听话听音。

林语堂先生说过：面子触及了中国人社会心理最微妙奇异之点，是中国人调节社会交往的最细腻的标准。在人际交往中，真诚是为人处事的态度，而照顾对方的面子则是交往的能力，有礼貌的真诚是人际关系的最佳境界。在现实的人际交往中，即便语言或行为上暂时没有照顾到他人的面子，但只要态度是真诚的，人际关系仍然可以高质量地存在。

团队协作的秘籍：包容与理解

相信职工朋友们都听过"最佳团队——西游四人组"的说法。有人从管理心理学的角度分析，认为西游四人组是完美搭档，从而构成最佳团队。师傅唐僧是团队领导，他意志坚定，目标明确，受命带队赴西天取经，有很强的使命感和责任感；孙悟空是妥妥的业务骨干，除妖驱魔的事全倚仗着他，但这猴子个性鲜明，张扬不羁，棱角分明，可真不好驾驭；八戒就是个爱划水的主，一不留神就睡觉偷吃，但他性格圆润，左右逢源，师傅和悟空闹别扭了，还得指望着他去调节，是团队的润滑剂；沙和尚貌似没有存在感，但他严谨细致，认真负责，难怪那副担子总是落在他的身上，因为另外两位队友都不让人放心。

这个分析很有意思，也具有启发性：要想拥有好团队，就得包容和理解他人，发挥每个人的性格长处，不吹毛求疵，不强人所难。为什么呢？因为每个人都有着独特的人格气质，并且江山易改，禀性难移，我们容易做到的，是求同存异、相互包容和理解。

一、不同的性格类型

每个人的性格都是独特的。古希腊的医生希波克拉底提出了人格的"气质"说，他认为人的性格特质大概分为四种，每种性格都有优点，也有缺点。

1. 抑郁质。

其优势是观察敏锐，心思缜密，善于思考；虽然行为不张扬，但内心体验极为深刻，因此做事比较严谨；情感丰富，非常在意别人的评价和看法，因此不需要太多的外在约束。其缺点是情绪波动比较大，容易出现消极和沮丧的情绪状态；怀疑心重，对新人和新环境的适应相对缓慢和困难。在人际交往中，他们因为敏感，且情绪不稳定，所以是慢热型的，不轻易与人深交，不轻易过多地表露自己的真实想法和情感。

2. 粘液质。

这种气质类型情绪稳定且不易外露，善于忍耐，安静稳重。其优点是沉着老练可靠，能从枯燥的工作中找到乐趣；其缺点是不够热情，不主动，缺乏激情。在人际交往中，他们因为懂得忍让，所以容易交往。

3. 多血质。

这种气质类型的优点是活泼好动、热情大方，善于交际，富于乐观，易于接受新鲜事物，有较强的环境适应能力。其缺点是专注力不够，兴趣容易改变，有时候表现得夸大其词，言不符实。在人际交往中，他们大多热情大方、活泼开朗，很容易交上朋友，但对友谊的体验没有那么深刻。

4. 胆汁质。

其优点是坚强果敢，直率热情，情绪外向，不畏困难，勇于挑战。其缺点是容易急躁，没有耐心，有时候表现得鲁莽，不够细致。在与人交往时，因为率真，所以说话做事往往考虑不到别人的感受，表面上显得急躁、脾气不好，似乎难以交往，但其实内心没有太多的防御和害人之心。

二、性格具有稳定性

我们说，好团队利用人性的优点，发挥人的长处，因为人的性格形成比较复杂，一旦成形，改变是很困难的。

1. 遗传因素。

心理学家及生物学家的研究都证明，人的高级神经活动类型在性格形成中有着非常重要的作用，即便是双胞胎，在同样的家庭成长，也会有着不同的性质和人格特质，这是由神经活动类型的特性决定的，改变几乎是不可能的。

2. 家庭环境。

父母的养育方式也影响着孩子的性格，比如，在民主的家庭教养环境下，父母尊重孩子的个性，处事理性客观，遇事与孩子平等商量，孩子就会形成比较活泼、外向、好奇心强、富有创造力和建设性的性格；而在专制的家庭环境下，孩子则表现得较内向、保守、缺乏好奇心和创造性。性格还受所接受的教育、成长经历等多种因素的影响。

性格的形成既是复杂的，又是在长期的成长过程中形成的，因而具有稳定性，十几年甚至几十年的成长塑造形成的人格特质，哪里是说改就改的呢！

三、求同存异包容理解

身在职场会遇到形形色色、性格各异的同事，即便性格差异很大，终归能找到相同的地方，人性终有相通之处。因此，要想与性格不同的人处好关系，就得遵循"求大同，存小异"的原则。比如，你的性格风风火火、单刀直入、爽朗率真，但你的同事性情内敛、言辞委婉、不擅表达，你可能会觉得猜不透同事在想什么，觉得交往起来比较困难。但若能看到同事身上沉稳、细致的一面，理解他话语谨慎，是性格使然，他需要在表达之前打好腹稿，有了这样的思想基础，可能沟通就不那么困难了。

与不同性格的人相处，尽量去包容和体谅他人。比如，有的领导脾气比较大，动不动就发火。这需要我们在工作和交往的过程中，逐渐认识领导的性格特征和表达方式，有时候他发脾气可能针对的不是某个人，而是具体事情。在合作中适应领导的管理风格，摸准他对工作的要求，逐渐建立起双方都适合的交往方式。

有一句话是这样说的，在评判别人之前，先穿着他的鞋子走一天路。能换位思考，把自己放在别人的位置上，设身处地地理解他人，交往起来就容易很多。

第五章　人际关系：一个好汉三个帮

人际交往的前提：做最好的自己

很多职工朋友都认为，要想处理好人际关系，就要学会察言观色，看人下菜，让别人舒服。这一点固然重要，但更为根本的，恰恰是做好自己。心理学认为，自尊是处理人际关系的基本要求，在自我认知的基础上，形成正确恰当的自尊，才能不卑不亢、自信稳定地处理好人际关系。

一、什么是自尊

心理学认为，自尊就是个体如何看待自己以及如何评价自己。高自尊是指自我评价是正面积极的，自我感觉良好，能主动高效地与人交往；低自尊则是指自我评价是负面消极的，内心感觉无助、痛苦甚至羞愧，人际交往时畏首畏尾，不愿意也不敢拓展自己的交际范围。

自尊不同于我们日常生活中所理解的自信，它包含三个要点：

1.自爱。

也就是无条件地接纳自己。每个人都不完美，都有自己的优点和长处，当然也有缺点和不足，尽管不完美，但内心是接纳自己的，觉得自己是值得被爱和尊重的。自爱是自尊的基石，当听到不同或负面的评价，遭受旁人的排斥或排挤时，自爱会让我们听从内心的声音，尊重我们自己。

2.自我观。

就是能够客观诚实地评价自己，既不高估自己，也不贬低自己，做真实的自己。例如，有的人在别人看来非常优秀，但本人却总是觉得自己做得不够好，心情抑郁焦虑，与人交往不自信；而有的人很普通，却总是自命不凡，与人交往时夸夸其谈。正确地看待自己，以真实的面貌与人交往，才能建立彼此舒适的关系。

3. 自信。

相信自己有能力，在重要场合能最大限度地展示自己，发挥自己的优势。自信的人显得更积极乐观，具有人际感染力和影响力，通常具有良好的人际关系。

二、自尊与人际关系

心理学研究发现，自尊与人际关系有着紧密的联系。

高自尊的人通常会有比较好的人际关系。因为他们自我肯定，自我感觉良好，对生活有积极的期望，在与人交往中表现得乐观、积极、阳光和向上，给人带来轻松和温暖，容易得到别人的好感；高自尊的人因为肯定内在的自我，因此不太会受来自他人负面评价的困扰，他人的评价只是自我认知和觉察的信息来源之一，而不会为此产生情绪波动，并生出对他人的不良看法和不良揣测，从而影响人际交往。

相反，低自尊的人往往备受人际关系的困扰。例如，有的人被责备、埋怨或批评几句，立即就会暴怒，给人的感觉是自尊心强，事实上可能是低自尊的表现，因为对自己持怀疑态度，所以对别人的批评高度敏感，反应强烈。低自尊的人还容易感受到焦虑，一旦他们觉得自己没有被重视或尊重，就会采取疏离的方式，与交往对象保持距离，导致人际关系脆弱；低自尊的人还容易怀疑，会对周围的人和事做悲观的想象和揣测，凭空增加人际交往的阻力与烦恼。日本小说家太宰治在小说《人间失格》里写道："别人寥寥数语的责备，对我如同晴天霹雳。"

三、以自尊赢得良好的人际关系

1. 注重开发自己的能力。

美国著名心理学家班杜拉认为，自尊包括两个相关联的成分——自我效能和自我尊重。

所谓自我效能，就是努力完成有价值的工作，当为工作而感到自豪和满足时，这种成就感会提升自尊感。心理学家塞里格曼也提出，自尊来源于生活中的成功和失败，是通过自己真正的能力和造诣而产生的，如果个体得到过多不应得到的表扬和赞誉，会导致暂时的高自尊，这并不是真正的自尊。

自我尊重，则是对自己内在的特质感觉良好，而不是因为外在的评价和赞美。心理学家克罗克认为，不是因为成绩、长相、金钱等外在因素的赞美，而是对内在欣赏和肯定而形成的自尊是安全型自尊。因为过于依赖外部评价，自尊感会很脆弱，而多注意开发自己的才能，追求不断超越自己，多发展人际关系，拥有这种安全型自尊的人，会更好地保持健康状态和良好的人际关系。

2.处理好与自己的关系。

处理好与自己的关系，不陷入"自我挫败的羞耻"和"自我挫败的骄傲"。所谓"自我挫败的羞耻"，是认为自己哪里都不如别人，把自己看作地上的尘土，对自己有不现实和不欣赏的看法；而所谓"自我挫败的骄傲"是指处处要优于其他的人，因而表现得傲慢、自恋，认为自己比其他人更好、更重要，居高临下地看待他人，将他人看作竞争对手。

真实地对待自己，既不优于别人也不低于别人。既知道自己的缺点和不足，又对自己有客观的评价，正确对待别人的评价，不对自身的缺点产生羞耻感，破坏自己的自尊体系；同时，不过于自信，在倾听、感受、理解、尊重他人的过程中，接受他人不同的观点，在帮助他人的过程中，体验到被需要的感受，增强个人价值感和自尊感。

3.拥有恰当的自尊。

法国心理学家克里斯托夫·安德烈出版了一本书《恰如其分的自尊》，书中提到四种类型的自尊：高自尊且稳定的人，其特点是自尊水平很少因外界而波动，当处于劣势和失败的时候，很少为自己过多辩解，能及时调整个人状态，面对挫折，理性倾听批评；而高自尊不稳定的人，表现为日常状态下，自尊水平波动大，当处于劣势和失败的时候，极力地为自己辩解，如果有机会就会花费大力气自我吹嘘，面对批评比较情绪化；低自尊且稳定的人，表现为长期处于消极负面的情绪状态，坚信自己无法达成目标；而低自尊不稳定的人，表现为处于积极和消极参半的情绪状态里，因渴望社会赞许，甚至会违背自我兴趣做一些得到别人认可的事情。

在人际关系中，争取做高自尊高稳定的人，努力做到恰如其分的自尊，既不自负到目空一切，又不自卑到犹如尘埃，谦卑但不自我否定，积极热情地与人相处。

第五章 人际关系：一个好汉三个帮

学会沟通，人际关系一定不差

在职场人际关系中，沟通是重要的一课。我们几乎每天都要和同事沟通事情，向领导汇报工作，与合作方沟通需求等。沟通能力强，很多问题能顺利地得到解决；沟通不畅，不仅会影响工作效率和质量，还可能会带来人际冲突和困扰。

一、常见的不良沟通方式

美国著名临床心理学家马歇尔·卢森堡提出过"非暴力沟通"这一概念，他总结出沟通中常见的四种不良沟通方式。

1.沟通中附加道德评判。

沟通是为了交流信息，达成共识。沟通要以事实为基础，也就是我们通常所说的"就事说事"，就我们想要沟通的事情进行交流，共同促使事情的推进或问题的解决。如果在事实的基础上，加以道德评判，沟通就会升级为指责或批评，造成人际冲突。

例如，有同事连续迟到了好几次，这是事实。如果基于事实沟通，我们可以说："你迟到几次了，是有什么事情吗？"相信对方一定会理解到你的意思，并给予解释。但如果加上道德评判，那可能是："你连续迟到，不遵守规定，没有职业道德，这样怎么能把工作做好？"这一下矛盾就升级了。在职场沟通中，不轻易做道德评判或给别人贴标签，避免造成人际关系的紧张。

2.与别人比较。

《让自己过上悲惨生活》的作者丹格林伯格曾说："如果真的想过上悲惨的生活，就与他人去作比较。"在人际沟通中，与人比较容易伤害对方的自尊心，

173

导致沟通不畅，甚至是沟通破裂。

这种情况在家庭沟通中特别常见。例如，父母对孩子说："你看隔壁家的孩子，学习认真，成绩优秀，你怎么就这么贪玩，不上进。"这种沟通方式对孩子有很大的伤害，否定的评价听久了，孩子会自暴自弃，失去前进的动力。

夫妻沟通时，也常常会出现这种情况。例如，妻子跟丈夫说："你看隔壁家的某某又挣大钱，又做家务，又心疼老婆，你怎么啥都不行呢？"这种对话对丈夫的自尊心是很大的打击，很多丈夫控制不住情绪的时候，会怼一句："那你去找他吧。"夫妻关系也受到极大的伤害。

在职场中，也可能会出现这种情况。例如"同一批进来的，小张就工作努力，业绩突出，你怎么就不知道上进"，或者"这项工作这么多年来都是这么做的，没有出现问题，就你事儿多，觉得不行"，话语中充满了火药味，矛盾可能会立即升级。

3. 回避责任或指责别人。

在职场人际沟通中，急于回避责任，即我们通常所说的"甩锅"，会给别人留下非常不好的印象，影响自己的威信、信任度以及未来的职业发展。例如，在沟通某些事情的时候，就急于表达"这是领导让做的"，或者"公司就是这么规定的""我尽最大努力了，但始终达不到，我也没有办法""我本来可以完成工作，是其他部门没有及时给予支持"……这些沟通方法的效果都不甚好。

4. 强人所难。

这种沟通方式是以指责的口吻或语气与人沟通，或者强人所难地让对方听从你的指令。尤其是在领导与下属沟通的过程中，出于职位的优势，容易出现这种情况。这样的沟通方式会导致双方的僵持，甚至是关系破裂，因为指责会激怒对方，如果对方没有控制好情绪，就会发生语言冲突；即使对方较好地控制了情绪，也只是表面上接受，内心仍然会不服气。例如，在与同事沟通时，会说"为什么你总是做不好我交代的事情？""我已经跟你说过了，你是当耳旁风吗，还是对我有什么意见？""不要解释那么多了，赶紧去执行好了。""都是你的错，如果不是你，事情就不会这样了！"，等等。任谁听到了这种语气和口吻的表达，心里都不痛快，都会影响对沟通内容的接受。

二、影响有效沟通的因素

从心理学的角度看，影响职场中有效沟通的因素包括以下三个方面的。

1. 人格和气质类型。

人格和气质类型是人们稳定的心理特征，大多是由先天决定的。性格气质不同，表达和说话的方式也会大不相同。例如，胆汁质的人心直口快，要说的话可能还没有想好，但已经说出了口，显得很冒失，对于这种人，就要听一半留一半；抑郁质的人则非常敏感，他们不轻易表达自己的想法和感受，但对他人的话却极其敏感，说者本无心，听者却有意，对他们说话，就要多考虑对方的感受；多血质的人开朗，善于交流，沟通能力很强，就是我们常说的"心大"的人，通常是做他们的倾听者，偶然加以指点即可；而粘液质的人则沉闷，半天说不出一句话来，显得木讷，就是常说的"闷棍"，对于他们，就得有耐心，多给他们一点时间，让他们想好再说。

2. 心理和情绪因素。

人的心理和情绪状态对沟通有着非常重要的影响。心态积极的人，情绪高涨，阳光积极，善于沟通，对于对方的话也会做积极的、善意的解读；而心态消极的人常常表达出消极的思想，对接收到的语言也容易做消极的解读。

情绪对表达起着非常重要的作用。如果人在有负面情绪的状态下去沟通，就很容易发生言语冲突。因此，沟通最好在控制好情绪的状态下进行。

3. 角色和定位因素。

在职场中，每个人处于不同的职位，所扮演的角色也不同。职场角色定位无形中会影响沟通的方式和效果。例如，管理者总是无形中会以自上而下的姿态与下属沟通，而员工总是怀着胆怯的心理与上级沟通，这种不平等的心态会影响表达的内容，也会影响双方对内容的解读。处于不同的部门，立场不同，思维方式不同，掌握的信息不同，也容易导致同事之间的沟通冲突。例如，人力资源管理部门就人事问题与技术部门沟通，技术部门会觉得那不是技术人员的职责，造成沟通障碍；技术部门就招聘问题与人力资源部门沟通，又会受到专业技术知识的限制等。

三、如何进行有效沟通

1. 明确沟通目标。

职场中的沟通是为了就某事达成共识，这是沟通的最重要的目标。因此，在沟通前，要做好功课，双方的共同点是什么，分歧又是什么。为了达成共识，需要共同沟通的内容包括哪些。带着目标去沟通，可以避免无效沟通，以及沟通被其他因素所影响。

2. 调整沟通心态。

带着积极的心态去沟通，情绪就会平和，表情就会友善，语言就会温暖，回应就会正向，对方会被良好的沟通状态所感染，沟通氛围友好，容易达成共识。如果带着消极的心态去沟通，所传递出来的负能量会让沟通陷入紧张、被动、尴尬甚至是敌意的状态，沟通就不容易进行。因此，在沟通前，不能将自己的私人情感带入职场沟通中，要保持积极阳光的心态去面对。

3. 适用不同的沟通风格。

面对不同的气质类型和沟通风格的人，如果我们能选择相对应的沟通技巧，将大大提高双方的沟通效率。例如，有的人为人直率，沟通时直奔主题。他们多是性情中人，即便说出一些不那么中听的话，也不必介意，因为他们的话语可能不经过大脑；还有的人善于表达和沟通，你就以倾听为主，并给予积极回应，但对于他们的话要有所分辨，因为可能说的比做的多；还有的人沉闷，不善于表达，就要耐心地询问和沟通，对于他们的话要认真倾听，因为他们的每句话都不是白说的；另外一些人，则是要小心沟通，因为他们敏感，会对你说的话过度解读，避免引起误会。

4. 控制好情绪。

职场沟通中，最忌讳带着负面情绪去沟通。无论是焦虑、烦躁、生气、怨恨的情绪，都要在沟通前调整好，以平和的情绪去沟通，以达成共识。例如，在沟通中说:"你们项目组根本不理会我的意思,怎么都跟你们说不通""你为什么不提前跟我说,等到现在出现这个结果了才说有什么用""你凭什么这么说,你有什么证据"等,都不是正确的沟通方式。带着不良情绪去沟通,不仅无益于问题的解决,还会造成同事之间的不良人际关系。

什么样的人更受欢迎

在人际交往的过程中，职工朋友们一定都想做个受欢迎的人。有研究显示，与那些具有不愉快特征的人相比，我们更喜欢那些具有令人愉快特征的人；我们更喜欢那些只需付出最小的交往代价便可以带来交往愉悦的人，也就是说相处不累的人。那么，哪些人更容易交往呢？

一、远亲不如近邻

心理学研究发现，接近性是人际吸引的重要因素，空间的距离能够拉近心理的距离。因为接触的频率较高，彼此交往、相处和相互了解的机会越多，就越容易成为朋友。例如，抬头不见低头见的邻居、朝夕相处的同事等，是最可能成为朋友的人。当然，距离近也有负面性，那就是相处的频率高，了解的程度深了，彼此的缺点和不足也容易暴露，有可能还会彼此嫌弃。因此，一方面，珍惜我们身边的人，有可能他们才是我们困难之时最易得到援助的人；另一方面，以相互理解、包容和欣赏的心态与近邻相处，多看其优点与长处，理解和包容其不足，才能得以长久交往和相处。

二、物以类聚，人以群分

通常来说，我们更愿意与自己相近的人交往，如与自己年龄、社会地位、信念、价值观、个性一致的人。因为有共同的讨论话题和活动基础，因此更容易深度交流，并产生心理共鸣；同时，想法相近的人更倾向于同意我们的观点，认同我们的思维，从而增强我们对自己观点的信心，使自己感到愉悦。但这样的交往也有一定负面效应，那就是容易形成固定的"圈子"。因此，一方面，维系这样一个"圈子"，形成自己的情感支持系统；另一方面，可以适度地走出这个"圈子",多与不同"圈子"的人交往,扩大自己的交往范围。

三、一回生二回熟

有这样一个心理学实验,研究者让被试者看一些人的面部照片,有些照片看 25 次,有些只看 1 次或 2 次。然后问被试对照片的喜欢程度。结果表明,看的次数越多越喜欢,这个效果在社会心理学中被称为曝光效应,就像电视中反复出现的洗脑广告一样,刚开始有些反感,听得多了,发现也能欣然接受。

还有一个类似的实验,在一个学期开始时,研究者让女大学生在某些课堂上分别出现 15 次、10 次或 5 次。这些女生从来不和教室里的其他人交谈,只是坐在那里,她们出现的次数有多有少。然后,在学期末让该课堂学生看这些女生的照片,并询问他们的反应。结果非常清楚:越熟悉的女生,也就是出现次数越多的女生,对学生越有吸引力,比那些从未看到过的女生更让他们喜欢。

真可谓一回生,两回熟,若想增强人际吸引,就要留心提高自己在别人面前的熟悉度。一个自我封闭的人,或是一个面对他人就逃避和退缩的人,总是不易于让人亲近。当然,也不必过于刻意地曝光和表现自己,如果第一印象不好,可能越频繁地出现,效果越不好。因此,在平时的工作中,自然真诚地与同事相处,多问候同事,和同事拉拉家常,互赠小礼物,提供小帮助都是加强人际联系的方法。

四、外在形象内在修养

通常来说,形象气质好的人,也比较受人欢迎,包括仪表、姿态、面貌、言行举止等。良好的外貌总是会增强吸引力,一方面是会使人感到轻松愉快,构成一种精神酬赏;另一方面是可以产生晕轮效应,即外貌形象良好,会觉得其他方面也很好。在实际生活中,大部分人不喜欢与不修边幅、邋里邋遢、行为粗野、言语冒犯的人交往。通常来说,外在形象是内在修养的体现,注重外在仪容仪表,提升气质修养也是社会交往的要求。

五、犯错误效应

社会心理学家阿伦森曾做过这样一个实验:在演讲会上,让四位助手展示不同的表现，其中两位表现非凡、才能出众，另两位则表现一般，才能平庸。这时，才能出众的一人失手打翻了饮料，而才能平庸的一人也碰巧打翻了饮料，测试四个人对人们的吸引力怎样。结果表明：才能出众而犯小错误的人最有吸引力，而才能平庸却犯错误的人最缺乏吸引力。这在心理学上被称为犯错误效应。

通常来说，能力强的人总是更受人欢迎，比如善于言谈的人、学术成就高的人、业绩优秀的人，等等。但研究也发现，如果在同辈中过于优秀，能力非凡，碾压旁人，就给人较大的心理压力，而且人们认为完美无缺的人给人以不安全不真实的感觉，从而让人敬而远之。如果能力超强的人，暴露出一点小错误，相反能拉近与他人的距离。因此，人际交往中，足够优秀的人、能力强的人、形象高大的人，也要做真实的自己，每个人都有不足和缺点，真实地暴露一些于他人无害的小错误、小缺点，会让人感觉更真实，反而会增强人际吸引。

合作共赢：职场中的人际冲突

俗话说"有人的地方就有江湖"，在职场人际关系中，冲突时有发生，正确认识和应对冲突，提高人际冲突的管理水平，有助于我们建立良好的人际关系，提高心理健康水平，增强社会适应能力。

一、人际冲突在所难免

职场中的人际冲突无法避免，只能面对，为什么呢？

1. 职场竞争的存在。

由于权力、职位等资源在一定时期内是相对固定的，在资源的争夺过程中就会产生激烈的冲突，表现为同事之间在涉及自身利益时，会发生互不相让、彼此竞争，甚至相互敌视的情况。

2. 个体的差异性。

职场中的每个个体在文化教育、家庭背景、阅历、经验等方面具有差异性，形成不同的价值观和需求，因此，同样一件事，可能每个人的态度、解释以及处理方式都会不同。

3. 信息不对称。

每个职场人都会遇到与别的部门同事沟通困难的烦恼。例如，财务部总被抱怨工作方式不灵活，人力资源部总被抱怨考核太严格，业务部总是抱怨职能部门太清闲等，这些都是因为信息不对称，不在其中，不解其难。

4. 地位不平等。

上下级之间的冲突也是职场中比较常见的，通常是下级面临的心理困扰更多，比如总被上司责骂、批评；工作总不被肯定；被安排过多任务无法完成，又不敢辩解；甚至被冷落等。这些都是因为地位不平等造成的，身处不同的位置，思考问题的方式、处理问题的方式都不同；不同的管理者，其管理风格和管理手段也各有不同，如果不被很好地理解和接受，上下级的关系就会出现冲突。

二、人际冲突也有意义

我们都不希望发生人际冲突，希望处在和谐的工作环境中。但心理学研究发现，人际冲突也有积极的影响，其积极意义表现在以下方面：

1. 在应对冲突中提升和展现能力。

人际交往是一种实践性很强的能力，这种能力需要在工作中，在冲突中得到学习、锻炼和展示。例如，在处理一个个人际冲突中，学会理解人的气质类型、理解人的行为方式、学习人际沟通以及冲突解决的办法。所谓阅人无数，不外乎是见的人多了，处理的人际误解和冲突多了，阅人和处事的经验积累得多而已。

2. 冲突也是沟通的一种方式。

俗话说不打不相识。在冲突面前，尽管彼此剑拔弩张，但总是有想解决问题的积极态度。人际关系中最可怕的并不是冲突，而是回避冲突，如果双方都采取冷漠的方式，彼此回避，问题永远得不到解决，关系也没有机会深入发展，对彼此的误解也会越来越深，关系只会越来越糟糕。

3. 冲突是活力的象征。

在职场中，如果大家都表现得平静、克制和冷漠，那也意味着团队成员之间的信任度、投入度在降低。例如，团队总是一团和气，决策时大家都不用脑思考，只按要求举手表决，团队成员就会士气低沉，缺乏激情和创新。因此，适当的人际冲突能打破思维僵化，暴露过去被忽视的问题，起到提前预警的作用，增强团队的活力。

三、如何处理人际冲突

1. 积极面对。

既然冲突在所难免，那么我们就需要拿出智慧和勇气，冷静地分析、思考和化解冲突。这里，需要职工朋友们注意两点：首先是就事论事，不被冲突表面的破坏性所迷惑，要分析冲突背后的实质分歧，探索其根本原因；其次，冲突的解决通常不是你输我赢，而是达成共识。因此，要树立双赢的解决理念，避免非赢即输、一方成功，必须以另一方失败为代价或者是必须在冲突中占上风的极端思维，努力找到双方都能接受的办法。

2. 管理好情绪。

有时候，造成人际关系紧张的并不是冲突事件本身，而是当事人对于事件的情绪和态度。因为对方的愤怒、激动以及引起的不恰当语言和行为，冲突不但没解决，反而升级了。例如，营销人员的出差费又被卡在了财务部，不能及时报销。销售员怒气冲天地拿起电话吼道：你们总是利用手中的权力卡我们，如果不是我们挣钱养活你们，你们哪有钱发。财务人员会委屈且愤怒：你们太自不量力了。冲突就此升级为部门之间的敌对了。

3. 妥善处理冲突。

通常来说，处理冲突的方法有五种：①竞争的方法，只考虑自身利益，不考虑他人得失，都从自己的角度，以相互攻击的方式争取自己的所得最大化；②回避的方法，以逃避的方式对问题冷处理，不与对方沟通解决问题；③迁就的方法，尽量满足对方的需求，忽视自己的需求，以牺牲自己的利益，委曲求全地化解矛盾；④妥协的方法，在沟通中相互妥协或采取折中的方案，双方都放弃自身的部分利益，以便在一定程度上满足对方的部分需求，即双方都有所坚持，也有所退让，并接受一种双方都达不到彻底满足的解决方法；⑤合作的方法，双方坦率澄清差异并找到解决问题的办法，在沟通中，双方都充分运用自己的能力和创造性去解决问题，而不是为了击败对方，最终结果是双方的需要都得到了满足。

面临职场人际冲突，如果能用合作的方法化解冲突是最理想的；在不触碰原则和底线的情况下，可以采取妥协的方法，以求得问题的解决和冲突的化解。但竞争、回避和迁就都不是好的解决办法。

心理学名言

做好人际交往的一个最重要的原则是不以自我为中心。

——戴尔·卡耐基

细心倾听的能力、有人倾听所带来的深度喜悦、做更真实的自己、更自由地给予和接受爱的能力……这些在我的经历中,是促成人际关系扩大和增强的重大因素。

——卡尔·罗杰斯

如果我爱他人,我应该感到和他一致,而且接受他本来的面目。而不是要求他成为我希望的样子,以便使我能把他当作使用的对象。

——艾瑞克·弗洛姆

第六章
积极心态：幸福是一种能力

第六章　积极心态：幸福是一种能力

积极心理学：不一样的境界

有两个老大爷在聊天，一个说：这退休金也太少了，咱们年轻的时候，吃了多少苦，受了多少罪啊。另一个大爷不慌不忙，慢条斯理地说：每天又不用上班，歇着白拿钱，知足了，相比过去的穷日子、苦日子而言，现在这日子够幸福了。

同一境遇，完全不同的境界啊，一个每天生活在不满和抱怨中，骂骂咧咧，估摸着人缘也未必好，谁愿意每天听牢骚呢？另一个内心富足而宁静，平常的日子简单而快乐地过着，哪种生活状态更好呢？

自 20 世纪 60 年代开始，心理学界兴起积极心理学的研究热潮，积极心理学倡导激发每个人内在积极的潜能，培育积极的认知、积极的思维、积极的人格品质，从而让生活更幸福，更美好，更有意义。

一、积极心理学的诞生

与积极心理学相对应的是消极心理学。所谓的消极心理学就是以人类心理问题、心理疾病诊断与治疗为中心。尤其是第二次世界大战后，面对被战争毁坏的世界以及在身体和精神上都受到极大创伤的人们，心理学的主要任务变成了治愈战争创伤，研究心理问题，治疗或缓解心理疾病，大量的心理学家也注重于病理的研究。

但随着战争的远去，越来越多的人不仅仅追求身心的健康，人们更希望体验到美好而幸福的生活，于是积极心理学应运而生。

积极心理学的鼻祖是美国心理学协会主席马丁·塞利格曼教授，他于 2000 年 1 月发表论文《积极心理学导论》，采用科学的原则和方法来研究幸福,倡导心理学的积极取向,以研究人类的积极心理品质、关注人类的健康幸福与和谐发展。他认为,每个人的心灵深处都有一种自我实现的需要,这种需要会激发人内在的积极力量和优秀品质,积极心理学利用这些内在资源来帮助人们最大限度地挖掘自己的潜力,并以此获得美好的生活。

二、积极心理学研究什么

积极心理学的研究内容包括三个方面:

1. 积极的心理体验。

什么是积极的心理体验呢?就是当我们回顾过去的时候,我们有幸福和满足感;当我们面对今天的时候,我们快乐而充实;而当我们面向未来的时候,内心又充满了乐观和勇气。想想看,如果回首往事的时候,内心是遗憾和失落;面对现在,内心又充满了纠结和冲突;而面向未来,又是无尽的恐惧,相比较起来,哪种人生更美好呢?

这些积极的心理体验从何而来呢?它并非天生就有,需要我们主动地去学习和培育。

例如,有的人心中常怀幸福,而有的人家财万贯却仍然无比苦闷。积极心理学会告诉我们,幸福是一种主观感受,它一方面决定于发生了什么事,更重要的是决定于我们如何看待这件事。幸福也不是简单地等同于物质需求得到满足后的短暂快乐,幸福是通过发挥自身潜能而达到的完美体验。面对当下,如何体验到幸福感呢?积极心理学教会我们"沉浸其中",体验"心流"的感觉,抛却"精神内耗",为做好当下的每件事而努力,而乐在其中。积极心理学还研究乐观的心理体验,乐观的人更容易拥有好心情,更加不懈努力和成功,并且拥有更好的身体健康状况,获得更多的社会支持。但我们需要具有"现实的乐观",而不能脱离现实自欺欺人,乐观的人能够以发现问题、分析问题、解决问题为策略来进行情绪的调控,从而让自己一步一步地朝着更幸福的方向去努力。

2. 积极的心理品质。

光有积极心理体验是不够的,还要将这种体验内化为习惯,并形成积极心理品质，人格品质更具稳定性和内在性。积极心理学给出了能够带给我们幸福的 24 种积极心理品质，包括：总能够看到事物积极面的乐观；相信自己的能力和价值，有勇气面对挑战和困难的自信；在困难和挫折面前坚持不懈，不轻言弃的坚韧；面对恐惧和不确定性能够勇敢地去尝试和探索的勇气；永远具有探索和发现欲望的好奇心；能够适应不同的环境和情境，灵活地应对变化和挑战的适应性；能够信任和尊重他人，与他人建立良好人际关系的诚实；能够减少冲突和矛盾，增加和谐和幸福感的宽容；能够分享和帮助他人的慷慨精神；能够谨慎和谦虚地面对自己优缺点的谦虚精神；不断提高自己能力和知识水平的学习习惯和能力；创造出更多的价值和成果；能够激发我们的热情和动力，让我们更加投入和充满活力的热情；相信未来会更好，充满希望和信心的乐观主义；自我管理和自我控制的自律能力；为他人和社会做出更多贡献的责任感；珍惜和感激身边的人和事物的感恩心；理解和关心他人的同理心；平和、稳定的平衡心态；接受和认可自己的自我接纳；全神贯注和投入，享受和沉浸在自己所做的事情中的心流体验；能够让我们更加轻松和愉快地面对生活中的挑战和困难；关爱和关心他人需求和感受的爱；信仰和期待未来的希望。

3. 积极的环境。

积极心理学认为，良好的环境氛围对于积极心理的培育至关重要。例如，孩子的学校环境好，同时老师、同学和朋友是平等友好的、相互友爱的，孩子遇到困难时，能够给予同情和支持，孩子就容易具有积极向上的心态，并健康成长。但如果父母或老师不考虑孩子的身心需要，过于独断专行，强力压制，那么孩子就容易出现不健康的心态。我们每个人不仅要培育积极的心理状态，还擅于营造积极的环境，并从环境中得到更多的爱和滋养。

三、积极心理学的意义

积极心理学远离病人和病理，而关注每个人的幸福感和获得幸福的能力，它真正走进了每个人的生活，成为当前我们的心灵修炼指南。我们在衣食无忧后，开始苦恼于精神的空虚，开始寻找内心的安定和平稳，因此需要科学的方法指引。我们面临着日益激烈的社会竞争,面对着海量的信息干扰,面向越来越多的不确定性,如何获得幸福感,这本是一门科学,需要我们学习和运用。

第六章　积极心态：幸福是一种能力

幸福，到底是什么

职工朋友们大约都有一个梦想：追求幸福的生活。但是，我们若问自己：什么是幸福呢？又似乎说不太清楚。我们看看积极心理学是如何界定幸福的。

一、幸福不等于财富

假如我们有很多钱，想买什么就买什么，是不是就无比幸福呢？研究发现财富和幸福之间并非线性关系，也就是说并非钱越多就越幸福。事实上，财富和幸福之间呈倒U形关系，这被称为伊斯特林悖论，又称幸福悖论。1974年，美国南加州大学经济学教授理查德·伊斯特林出版著作《经济增长可以在多大程度上提高人们的快乐》，书中提出，在收入达到某一点以前，快乐随收入增长而增长，但超过那一点后，这种关系就不明显了。

经济学家罗伯特·弗兰克曾做过一个实验，让人们对以下两种情况进行选择：

A：住200平方米的豪宅，但是上下班的时间需要1个小时。

B：住100平方米的普通房子，上下班时间需要15分钟。

弗兰克发现，大多数人认为第一种选择更加痛苦和不幸，因此，大部分人还是会选择B。也就是说，刚开始，随着收入的不断增加，物质条件的不断改善，人的幸福感是不断增强的，但是存在这样一个点，当收入超过这个点的时候，基本物质条件得到满足后，收入的增加以及物质条件的改善对幸福感的影响便没有那么明显了。

二、幸福不源于外在

外在的美貌或物质消费会带来幸福吗？著名歌手李玟自杀身亡，给很多的粉丝和大众带来不小的心理震撼，她如此美丽和优秀，是全球深受欢迎的歌手之一，给人们带来了无穷的欢乐，但自己却常常处于痛苦之中。抑郁症的病理固然很复杂，但这件事也告诉我们：才华、美貌和外在的狂热追随并非一定能带来幸福。

经济学家罗伯特·弗兰克在《奢侈品狂热》一书中说：我们追求的许多目标是与幸福相悖的，我们渴望某种东西，但它未必能带来快乐。奢侈品就是一个典型例子，炫耀性消费所带来的幸福感很容易被"适应原则"削弱和消除，也就是说，刚获得心心念念的物品，甚至是奢侈品的时候，我们可能会兴奋、激动、幸福，但不需要多长时间，也就"适应"了，物质带给我们的新鲜感就失去了，幸福感也就消失了。有学者认为，一个人的幸福程度，往往取决于多大程度上可以脱离对外部世界的依附。人的物欲有时候是无止境的，这一秒得到了想要的东西，觉得很满足，下一秒可能就会去渴求更奢侈的东西，对外物过于依赖的人，幸福感其实短暂而缥缈。

三、幸福是一种主观感受

积极心理学家马丁·塞利格曼提出过一个幸福公式：幸福指数＝先天遗传素质＋后天环境＋你能主动控制的心理力量，即 $H = S + C + V$，如果这三点都做到最佳，人生就会幸福。

在这个公式中，S 是指遗传基因，塞利格曼认为 50% 的幸福取决于基因，基因是天生的，我们常常对此无能为力。C 是指生活中的状况，比如年龄、性别、收入、财富、成长环境等，这些因素改善起来也会非常困难，但心理学研究发现，所有这些情况加在一起仅占幸福的 10%。V 是指自己能够控制的因素，也就是自己做什么不做什么，如何看待生活的各个方面，如何解释自己的境遇等这些自己能够控制的因素，这方面决定着 40% 的幸福感。

因此，幸福是一种主观愉悦的情绪感受和积极的心理状态，我们学习积极心理学，在努力改善自己的生活环境和物质条件的同时，学习体验幸福，提高获得幸福的能力。

四、幸福取决于五个方面

哪些因素影响或决定着我们的幸福感呢？积极心理学之父塞利格曼在《持续的幸福》一书中提出了幸福五要素：

1. 积极的情绪。

所谓积极的情绪体验就是心中常怀感恩、愉快、欣喜、兴趣、好奇、满足等积极的情绪，正所谓幸福的人总是内心充满阳光，每天压抑、焦虑、抱怨或痛苦的人是没有幸福可言的。因此，要想提高幸福感，就要学习体验积极的心理情绪，有一双发现美好的眼睛和好奇心，有意识地抓住身边每个美好的事情和时刻，不让它们匆匆溜走，小确幸和小幸福累加在一起，创造了我们积极的心态和情绪。

当我们体验积极情绪时，会发生很多有利于我们的事情，比如扩展了对自身环境的认知，对别人更感到好奇，这反过来有助于构建人际关系，助推了内心的积极情绪，正应验了那句话：爱笑的人运气总是不会太差。

2. 投入的状态。

每天不用工作不用干活，只负责吃好喝好玩好就幸福吗？其实不会。因为无事可做，就会被无尽的空虚、无聊、苦闷所困扰，体会不到成就感，感受不到自身的意义和价值，而无意义感和无价值感是造成抑郁的重要原因之一。

因此，幸福不是不做事，而是投入地做事，做积极的事情，享受做事情带来的平静、乐趣和价值。正如工匠在做一个零件，他投入其中，不断地琢磨零件的构建，思考如何做才能做得更精细和精准，几经试验后终于达成目标了，这一刻，他一定是幸福的。

3. 良好的人际关系。

塞利格曼认为，积极心理很少见于孤独的时候，人际关系是社会生活的基石，积极的人际关系能够提升人的幸福感。根据马斯洛的需求层次理论，每个人都有尊重、爱和归属的心理需要，在良好的人际关系中，我们爱他人并得到爱，我们尊重他人并被他人尊重，我们归属于一个家庭或组织，这种内心的需求得到满足后，才能谈得上幸福。

4. 有意义感。

当医生治好了病人时，是幸福的；当老师桃李满天下时，是幸福的；当妈妈看到孩子健康成长时，是幸福的；当工人打造出满意的产品后，是幸福的。为什么呢？因为他们获得了意义感，体会到了人生的意义和价值。意义感有两种定义：一是追求或拥有自己认为重要的生活目标或使命；二是归属或致力于某样你认为自我超越的事情。因为得到了自己的认可，或者是社会的认可，我们才能从意义中获得价值感。哲学家尼采曾说：一个知道为什么活的人，可以容忍任何生活。因此，导致我们不幸福的不是生活的苦难，而是找不到生活的意义。

5. 成就感。

积极心理学家塞利格曼认为：人生的一个重要意义在于追逐各种成就，其短暂的形式是工作、家庭与生活中的"小成就"，长期的形式就是"成就的人生"，即把成就感作为终极追求的人生。成就感代表了一个人对环境的掌控能力，并能体验到自我效能感。

有些家庭优渥的孩子，衣来伸手，饭来张口，从来不知短缺为何样。外人看来，生活幸福得不得了，但孩子却非常抑郁苦闷，因为孩子体验不到自己的价值感和成就感。哪怕是做一餐简单的饮食，只要自己有了目标，有了设想和规划，按照自己的想法付出了努力，并得到了结果，哪怕结果不是特别理想，孩子也会兴奋和幸福，因为他从生活中体会到了成就感，体验到了"付出"和"行动"的幸福。

幸福的人生，是我们追求的目标，也是我们追求的过程。

第六章 积极心态：幸福是一种能力

一起来体验积极情绪

职工朋友们可能会说，一个心理健康或者心态阳光的人一定是满格的正能量，内心充满着积极情绪，永远给人带来向上的力量。事实上，积极情绪和消极情绪各有其用，平衡的情绪状态才是最健康的。

一、积极情绪让我们快乐健康

所谓积极情绪就是让人感觉良好的情绪，比如喜悦、感激、乐观、希望、自豪、爱及感恩，等等。积极情绪不仅让人感觉舒适、充满力量，还会让我们的行为变得更为积极。例如，有着希望、喜悦的情绪，我们做事的效率就高，就愿意为未来而努力；有着感激的情绪，我们就容易包容他人的不足和缺点，能与人处理好人际关系；如果内心充满爱，不仅我们会感觉到温暖，也会让别人体会到温暖。有研究还发现，遇有孩子哭闹，如果带着积极情绪安抚孩子，孩子能很快平静下来，如果带消极情绪安抚孩子，孩子会显得更焦躁不安，哭闹不止，连小孩子都喜欢充满正能量的、带有积极情绪的人，更别说我们的同事、同学及周围的人了。另外，研究还表明，积极情绪能延长人的寿命，因为积极情绪能产生更高的激素，这些激素和成长与人际关系有关，还能加强免疫系统，降低血压，减少疼痛，带来更好的睡眠，患病的可能性也更低。

二、关注积极情绪不能忽视消极情绪

既然积极情绪有这么多好处，那么我们是不是最好正能量满格，尽量不要有消极情绪呢？其实，积极情绪和消极情绪都很重要。

1. 积极情绪不是盲目乐观。

心理学研究发现，积极情绪和消极情绪各有其用。积极情绪使人愉快、舒适并且内心充满力量，但消极情绪的存在会让我们增强警惕，正视危险，采取措施应对困难。如果平时我们的积极情绪过多，或者程度过于强烈，可能就会"飘了""得意忘形"，就会放松警惕，忽视身边的危险或可能的伤害。例如如果平时过于乐观，就会对可能的困难认识或应对不足；过于高兴，就会"乐极生悲"，忽视了高兴背后可能存在的危险；过于宽容，容易受到别人的伤害，而过度的爱就是溺爱，等等。

2. 积极情绪不是自欺欺人。

如果只关注或追求积极情绪，还会让我们陷入"假装的积极情绪"中。我们每个人都有积极情绪，也有消极情绪，我们需要客观地接纳自己的消极情绪，并且将消极情绪升华为积极情绪，从而追求真正的积极情绪。如果不接受消极情绪，或者抵触消极情绪，就可能会欺骗自己，以假装的"正能量"掩盖自己的消极情绪。例如，一位患有躁郁症的职工，职业发展不如他想象的那般顺利，同批次的职工有的已经晋升为高层管理者，而他多年来还是中层干部。职工因妒生恨，心理很不平衡，始终不承认自己的消极情绪，用假装的正能量掩饰自己。他不断地告诉别人：同事是靠关系得到的晋升，而自己是个正直的人，不屑于与其竞争。每每说起，都慷慨激昂地讲述当年自己是多么富有才华而又正直善良，如今是多么善于学习并且始终保持奋斗的姿态。如果这位职工能接受自己"嫉妒""失落""不平衡"等消极情绪，并且意识到这些消极情绪不利于健康，通过改变认知，调整心态，接纳现实，乐观应对，这位职工至少能保持身心的健康。

3. 消极情绪也有积极意义。

消极情绪并不总是那么可恶或可怕，人类需要消极情绪提醒自己，应对危机。例如，有些时候，在愤怒情绪的"激发"下，我们才能给自己力量和勇气，放下"旧世界"，建立"新世界"，如果没有丝毫愤怒，那便是"懦弱"；有抑郁情绪的人，常常内心敏感敏锐，有很强的同理心，有较强的责任心；焦虑情绪也能促使人们做好准备，应对身边的"焦虑源"。因此，无论是积极情绪还是消极情绪，只要它在当下环境中是合适的，我们就应积极接纳，这种接纳包括与消极情绪的和谐相处。如果缺少积极情绪，我们会在痛苦中崩溃，生活没有颜色；但消极情绪更像是一种重力，让我们不至于在跳高的时候，头撞到天花板。

三、保持情绪的平衡

1. 接纳消极情绪。

面对琐碎与平凡的生活，每个人都会有焦虑、抑郁、愤怒、悲伤等消极情绪，我们需要先接纳他们，承认他们。心理学上有一个著名的"白熊效应"，是美国哈佛大学社会心理学家丹尼尔·魏格纳（Daniel Wagner）做的一个心理实验。当魏格纳要求参与者不要去想白熊时，参与者反而出现思维反弹，忍不住地总是去想白熊。这就像我们越想快点儿入睡越睡不着，越想减肥越减不掉一样。心理学实验证明，越压抑，越反弹。因此，消极情绪不能靠压抑，而要用积极情绪替代。

2. 保持情绪平衡。

什么才是平衡的情绪呢？著名积极心理学家芭芭拉·弗雷德里克森在《积极情绪的力量》一书中提到积极率的概念，即积极情绪和消极情绪的比率。他认为积极情绪与消极情绪的比值为3∶1时，一个人最能体会到积极的感觉，也就是每体验到消极情绪1次，就去体验至少3次积极情绪，以恢复心理的能量。但积极情绪不是越多越好，这一比值上限是11∶1，如果积极情绪程度太高，可能就会显得狂躁。

3. 提升积极情绪比率。

我们特别容易被消极负面情绪所困扰，为了保持情绪的平衡，我们需要在接纳消极情绪的同时，提升积极率，并化消极情绪为积极情绪。首先，忠诚于情绪，不真诚的积极情绪是"假装"的正能量，我们需要用心去看见、听见自己的内心，接纳真正的情绪。其次，体验积极的情绪，包括学会感受生活、工作、事物中的美好一面。例如，虽然没有得到职务的晋升，但可以有更多的时间陪伴家人，充实自己；培养兴趣，找到自己愿意做的事情，并学会"沉浸其中"，寻找"福流"；心怀感恩、善意，让内心充满柔情与温暖；等等。最后，化消极情绪为积极情绪，包括改变我们的认知角度，从积极的方面看待问题；改变"消极心理防御"，用积极的情绪代替消极的情绪。

第六章 积极心态：幸福是一种能力

每天记录三件好事：发现生活的美好

有人说，每天记录三件好事，能让心情变得愉快，让生活更加美好，果真如此吗？

一、心理负面偏差

为什么每天发现和记录好事能改善心理状态呢？原来，心理学研究发现，人类对负面信息更加敏感，这被称为负面偏差。

在几万年的人类进化发展过程中，人类为了同恶劣的大自然和强悍的猛兽搏斗，需要始终保持警惕，关注周围的危险、伤害等"负面"信息，这种高度警惕的觉察和应变能力变成了一个固定的"程序"，它每天引导我们去关注周围环境中的危险，关注负面的信息，我们会不自觉地关注每天发生的负面新闻、负面动态、负面消息。举一个简单的例子，当前各地出现洪涝灾害，职工朋友们每天打开手机，是不是对受灾情况救灾中出现的问题以及老百姓的困难等信息特别关注，以致我们可能忽视了抢险救灾中发生的很多值得感恩和赞美的信息？

负面偏差会带来什么负面效应呢？

一是过度关注负面信息，让我们失去了对美好事物的感知能力。有一句心灵鸡汤是这么说的："远离每天负能量的人"，为何呢？因为有人每天在你身边抱怨、发牢骚、吐槽，时间久了，你也自然只看到事物的阴暗面、消极面，从而失去了感知美好的能力。比如，从事纪检、监狱管理等岗位的职工，特别容易出现情绪倒灌，身心受到伤害，因为他们每天接触到负面信息，接触到阴暗面，慢慢地就失去了对美好生活的感知能力。

二是人际关系中的"负面偏差"会让我们看不到别人的优势，只看到别人的缺点，从而陷入挑剔与指责。例如，我多次跟爱人吵架的时候，会翻旧账，说起他的种种不好。他觉得特别冤枉和气愤，问我他做了那么多对我好的事情为何我都记不住。每当他说这句话的时候，我都会幡然醒悟，知道自己又陷入了"负面偏差"。积极心理学家塞利格曼指出，在人类心理中，坏比好强大，人天生会比较关注负面信息。

二、记录好事的目的

记录三件好事，其目的就是主动转变我们看待事物的视角，把我们原本投入在消极情绪中的视角、思维和精力转向积极情绪。虽然消极情绪并不可怕，是每个人生活的一部分，但是当我们过度关注生活里消极的一面时，会忽略掉那些积极的、让自己感到幸福的小事。我们需要通过一定时间的训练，找回自己发现美好生活的感觉和能力，培育自己看到美好事物的习惯，逐步养成积极的心理品质。

我清晰地记得几年前的一段时间，我工作特别繁忙，每天陷入忙碌的工作中，内心被挤得满满的。有一个周末的下午，我外出取快递，走出大楼的那一瞬间，我突然抬头看到秋日的阳光那么明媚，蓝天格外清澈，有几朵白云散淡地飘着，微风轻抚，空气宜人，那一刻我眼睛一亮，觉得生活真美好，内心产生一丝感动，觉得生活虽然忙碌但是安全和悠然，这是多么地来之不易。

三、每天记录三件好事

职工朋友们可以尝试每天记录三件好事，以提升自己的幸福感知力。

好事是指美好的事情，简单来说就是日常生活中让自己开心的、有意义的小事。我们需要养成一个好习惯，即每天发现和"寻觅"发生在身边的细小的平凡的但能让人感动、幸福快乐的事情。可以是具体的事情，也可以是明媚的阳光、快乐的心理、积极的心态等。

"三件"不是确指，而是虚指，如果你想起了更多好事，可以多分享几件，如果想不起来，只分享一件也无妨。因为比数量更重要的是要把自己的注意力转移到积极的事物或瞬间上，并心怀感激。

每天花点时间想一想，记录当天发生的让自己觉得快乐、有意义、感动的事、瞬间的心情。例如，工作取得了小进步；爱人说了一句让我温暖的话；孩子长大了，懂事了；外面的环境很舒适；同事的身体康复了等。

记录发生的好事，记录自己的感觉和感受是什么，是快乐、感动、欣慰、惊喜、愉快、感恩等，同时思考一下为什么会有这样美好的心理感受。

方法很简单，坚持下来，让我们培养发现美的眼睛和心灵。

常怀感恩之心：让自己更幸福

一、感恩让自己幸福

在中国文化中，感恩是一种处世哲学，也是一种道德要求，有感恩之心会被人尊敬，被人认可。现代积极心理学认为，感恩之心是一个重要的积极心理品质，它让我们对生活充满美好的感激和欣赏，从而大大提高自己的幸福感。心理学家安东尼曾说："成功的第一步就是先存有一颗感恩的心，时时对自己的现状心存感激，同时也要对别人为你所做的一切怀有敬意和感激之情。"

老父亲80多岁，有着够花的退休金，有母亲在旁照顾，子女都有着还不错的工作。平时父亲有什么需要，只要我们能够做到的，基本都毫不犹豫地满足他。可是老父亲仍然每天谩骂、抱怨、指责，内心总是怀有怨恨，家里充满了不愉快的气氛。这些年，老父亲的外在物质条件基本都得到满足后，他总是希望老伴和子女们每天日夜围绕着他，坐在床边陪他说话，安抚他的情绪，安慰他关心他，给他擦拭按摩。可是子女们都有着繁忙的工作，有着自己的家庭，只能下班后再回去陪他，并且日子长了，子女们也无法做到每日都和颜悦色，无微不至，于是老父亲就指责怨恨，骂子女不孝顺。母亲的身体也渐渐不好了，也做不到要什么就立即给什么了，于是骂老伴不关心他。试着给家里找的阿姨也先后被他骂走了，看着每天愤怒的老父亲，家人束手无措。我多次试图想说服他要有感恩之心，感恩如今好日子的来之不易，珍惜人生剩余不多的时光，快乐幸福地活着。也试着训练他以感恩抵消内心的怨恨，无奈80多岁了，认知调整太难了，心理训练收效甚微，经常训练一次只能管两三天。我经常想，父亲性格不好，年轻时就是如此，如若那时候有人帮助他建立积极的性格品质，也不至于晚年时受此困扰。

二、感恩是一种积极的心理品质

积极心理学家塞利格曼认为，感恩是重要的一项积极心理品质，感恩之心能提高人的幸福感。

1. 感恩会增强积极情绪。

感恩就是意识到自己被帮助、被给予、被恩赐，从而向对方表示感谢的心理活动或行为。美国加州大学的罗伯特·埃蒙斯（Robert Emmons）博士认为感恩的情感来自两个信息处理阶段：一是肯定自己生活中的善或好东西；二是认识到这种善至少部分来源于他人的给予。当我们开始欣赏当下的美好，并感激给予或者帮助自己美好的人时，便体验到了满足、被关注、被爱、被给予、被帮助，这些美好的情感，积极的情绪会提升我们的幸福感。

2. 感恩意味着远离怨恨、嫉妒、报复等负面情绪。

感恩的对面是怨恨和嫉妒，当我们学会感恩的时候，便学会了放下过去的恩恩怨怨，扔下胸中块垒，能够看到生活中好的一面，能从不如意中看到好的积极的一面，能够感受到世界的善意，能够从苦难中看到人性的光辉，主动获得情感支持；能够给予别人关注、感谢和回报，体验到自己的价值感；能够看到已经得到的，避免陷入永不满足的陷阱中，能够回报以友好，这些都是幸福的源泉。

3. 感恩能够改善人际关系。

在人际交往中，当一个人意识到自己从别人那里得到善意和帮助的时候，产生的感激之情能有效地调节彼此之间的关系，增进彼此之间的了解，加深彼此之间关系的深度。例如，在与爱人相处的时候，如果能想到互相在生活中的彼此关照和关心，内心便充满了幸福感，但若总是想到彼此的伤害，那么生活便充满了苦楚。与朋友、同事相处时，如果总觉得别人对自己给予和付出的不够，那么内心是怨恨与抱怨的，如果能够体会到别人给予的温暖，哪怕微小的一点，内心都会泛起满足与快乐。

三、练习感恩

感恩可以通过主动练习来形成，通过持续地练习，将认知、思维和行为变成一种习惯。

1. 记感恩日记。

建立写感恩日记的习惯，每天匀出时间来回味与日常生活、个人特质，或生命中重要人有关的感恩的事件，每天记下当天发生的三件或五件事。记录的时候，生动地回想事件的发生过程；事件中让自己感激、感动和感恩的地方是什么；这些是如何给自己带来幸福感的，自己该如何珍惜或给予回报，自己从中学到了什么等。相信每当记录这美好事件的时候，内心一定是充满柔软、爱和幸福的。

2. 回望艰难时光。

正可谓忆苦思甜，无论走多远，都不忘来时的路。回望曾经走过的艰苦、困难、充满挑战的岁月和时光，回想自己是如何从那些蹉跎岁月中走过来的，自己经历了风雨后得到如今的生活，这一切是多么值得纪念、珍惜和享受。

3. 感恩的表达。

珍惜和感谢身边的每一个人，他们的存在让自己幸福。教师节的时候给恩师写一封信，对老师的辛勤培养表示感谢；母亲节送给妈妈一束花，祝愿妈妈健康长寿；情人节给爱人一个惊喜，表达愿意执子之手，与子偕老；同事生日，送其一件小礼物，表达祝福。表达感恩，激发感恩等积极情绪，能大大提升幸福感。

4. 感受美好。

通过我们的感官，如触觉、视觉、嗅觉、味觉和听觉等，感悟生活的意义、美好以及人间值得。最近看了一部电视剧《熟年》，剧中的男主人公倪伟强是一个抑郁症患者，他和家人告别后，自驾摩托到西藏，准备自杀。在空旷的郊外，他点了一堆篝火，他想着篝火熄灭后，四周一定漆黑一片，到时候就结束自己的生命。但令他意外的是，篝火熄灭后，四周一片光明，他抬头一看，一轮明月挂在天空，那么安静地洒向大地，四周一片祥和，他顿时内心悸动,想起了亲人和家。于是回到家,开始了积极的治疗,最终康复。

丰子恺先生曾说过这样一段话:你若爱,生活哪里都可爱;你若恨,生活哪里都可恨;你若感恩,处处可感恩。

积极心理防御：化解内心的冲突

职工朋友们有没有碰到过这种情况，水杯掉在地上打碎了，我们赶紧对自己说：碎碎平安；钱包丢了找不回来了，我们默默地对自己说：破财消灾；生了一场不大不小的病之后，我们会说：老天强迫我休息了。这样转念一想，我们是不是就舒服多了，内心也就没有那么强烈的气愤、懊悔、恐惧等负面情绪，从而平衡和淡定了很多。在心理学上，这叫心理防御。

一、心理防御是必要的心理调节机制

所谓心理防御机制就是指当我们处于心理挫折或内心冲突的时候，会出现强烈的负面情绪，会很焦虑和痛苦。这时候，我们会有意识或无意地处理这些心理冲突，找一些理由来为自己难以解释的情感、言语和行动等进行辩解，以求自己能够接受带来冲突的事件，达到心理的平衡。如果能够用积极的心理防御机制调节内心冲突，就能较好地化解焦虑紧张和不安等心理状态。但是如果不去直面冲突，或者用消极的防御机制去处理冲突，可能就会带来不良的心理行为问题，甚至产生心理疾病。

二、以积极的心理防御化解内心冲突

健康的、成熟的心理防御机制可以有效化解心理冲突，主要包括：

1. 幽默。

幽默就是运用智慧因势利导，通过幽默的方式弱化和消解矛盾、冲突等不和谐因素，既明确地表达了自己的观念、情感和意图，又不至于引起别人和自己的尴尬与困窘，也就是所谓的自嘲。

据说大哲学家苏格拉底的妻子脾气十分暴躁，一次，苏格拉底正和学生谈论问题,其妻突然跑进来大骂,并向苏格拉底身上浇了一桶水,把他全身都弄湿了,面对如此尴尬的局面,苏格拉底说道:"我早就知道,打雷之后,定会下雨。"

2. 补偿。

即当个体行为受挫时,或因个人某方面的缺陷而使目标无法实现时,可以新的目标代替原有目标,以其他方面的成功来补偿因失败而丧失的自尊与自信。也就是人们常说的"失之东隅,收之桑榆",上帝关上了一扇门,但同时打开了一扇窗。例如,有的职工晋升受阻,不能继续当官了,但他潜心研究,最后成了一名出色的技术人才。

3. 升华。

用一种比较崇高的具有创造性和建设性的目标代替,借以弥补因受挫而丧失的自尊与自信,减轻痛苦,这是最积极的行为反应。例如,嫉妒别人的成就,但嫉妒之心让人痛苦,心理扭曲,于是将嫉妒升华为欣赏,看到别人比自己强的地方,学习并追赶他人。

三、避免消极的心理防御

消极的心理防御会引起更强烈的心理冲突,需要避免:

1. 否认。

当面临不愉快的事实或情绪时,极力予以否认,不愿直面事实和由此带来的情绪。比如,不愿意承认错误的行为给自己带来懊悔、痛恨或内疚的不良情绪,于是否认自己的错误,把责任归咎于他人或外部环境。

2. 逃避。

当面临困难、挫折或痛苦时,选择逃避,回避现实。例如,家人突然去世,无法承受悲伤的情绪,于是每天忙于工作,不去想它。但这些悲伤的情绪始终压抑在内心,可能会不时地跳出来折磨自己。

3. 投射。

当无法接受自己内心的冲突、欲望或情绪时,人们往往会将这些负面情绪或冲突投射到他人身上。比如,有的领导因为自己的失误造成了工作损失,但却将自己的愤怒情绪转嫁到员工身上，攻击或指责员工，从而转移自己内心的压力。

4. 自我欺骗。

有时候，无法面对自己内心的不安、焦虑或恐惧时，可能会通过自欺欺人的方式来掩盖自己的真实感受。比如孩子学习成绩不理想，会说：等有一天开窍就好了，或者男孩子上高中理科就强了。

第六章 积极心态：幸福是一种能力

追求幸福的十四个原则

1983 年，心理学家福戴斯（Fordyce）运用科学原则开发了一个幸福项目，还运用科学原则评价了其有效性，这个幸福项目指出了追求幸福的 14 条基本原则。

一、主动一些，忙碌一些

主动去做一些有兴趣、有意义的事情，让自己忙碌起来，投入你所喜欢的工作或活动中，避免陷于无聊和单调的生活中，失去生活的意义感。心理学研究表明，无聊和无意义感是当下越来越困扰人们的负面情绪。

二、多花些时间与人交际

尤其是互联网时期，我们投入太多的时间和精力在网络和虚拟空间中，人际交往变得越来越少。过多地在虚拟空间中，会让我们的感知觉变得越来越麻木，缺乏真实感，体验不到幸福感。

三、工作、休闲都要富有成效

投入而富有成效地工作，从工作中获得安全感，体验成就感；同时学会休闲，获得工作生活的平衡。

四、有条理、有计划，每天完成一两个重要任务

有条理，保持生活的节奏，提高生活效率；有计划，有目标感，增强生活的动力；每天完成一两个重要任务，在成就感中体验幸福。

五、不再担忧，因为担忧既痛苦又没用

如果因为担忧影响了幸福感，那么索性扔掉担忧，不让担忧影响自己的行动。行动起来，改善境遇，因为担忧不能解决问题。

六、设置切合实际的目标

降低期望和抱负，设置切合实际的目标，以增加成功的机会，减少失望的可能性。

心理学家詹姆斯曾提出过著名的自尊公式：自尊＝成功／抱负，意思是说，自尊取决于成功，还取决于获得的成功对个体的意义，增大成功和减小抱负都可以获得高自尊。

七、积极乐观地思考

能够看到积极的事物或看到事物的积极方面，这是乐观的思维方式。同样的事情，乐观的人看到积极面和希望，而悲观的人看到消极面和绝望。

八、关注此刻，活在当下

如果明天非常迷惘，不如先放下担忧，抛下恐惧，关注此刻能够做些什么，抓住当下的每天，每天都有成长，让时间见证奇迹。

九、培养健康个性

福戴斯（Fordyce）强调，拥有健康个性的人有四个品质：喜欢自己、接纳自己、了解自己、帮助自己。

十、培养活泼开朗的个性

多与你喜欢的人相处，多结识新朋友，建立良好的人际交往，快乐与别人分享，快乐翻倍；悲伤与别人分享，悲伤减半，人际支持是幸福感的基础。

十一、做你自己

别讨厌你本来的样子，吸引那些喜欢你本来样子的人。让别人喜欢自己的前提是自尊，即接纳自己和喜欢自己。每个人都有优点和缺点，不用讨厌你本来的样子，不必讨好和迎合别人，总有一些人喜欢本来的你。

十二、抛弃消极情感

福戴斯说：把事情"都装在瓶子里"是导致心理悲痛的重要原因之一。他认为，如果把烦恼事讲出来你会幸福些，如果遇到自己不能处理的问题，那就寻求别人的帮助，包括专业人士。

十三、建立亲密的婚恋关系

根据福戴斯的说法,这是你能做的、增加幸福的最重要的事情,需要花时间和精力去培养和维持亲密关系。

十四、重视幸福,积极追求幸福

把幸福放在你生活中最优先的位置,去体验幸福,追求幸福。

让我们一起来追求幸福的工作和生活。

心理学名言

　　积极心理学之目的即促进心理学发生变化,从只修复生活中最坏之事到还锤炼生活中最好之品质。

——马丁·塞利格曼

　　每天安静地坐十五分钟,倾听你的气息,感觉它,感觉你自己,并且试着什么都不想。

——艾瑞克·弗洛姆

　　如果我爱他人,我应该感到和他一致,而且接受他本来的面目。而不是要求他成为我希望的样子,以便使我能把他当作使用的对象。

——艾瑞克·弗洛姆